大学生最重要的 9 个决定

大学时期能否积极正确地做出人生决定，
关乎整个人生的事业发展和生活幸福。

9个决定

大学生最重要的

赵一 著

光明日报出版社

图书在版编目（CIP）数据

大学生最重要的 9 个决定 / 赵一著 . -- 北京：光明日报出版社，2011.6 （2025.1 重印）

ISBN 978-7-5112-1128-6

Ⅰ . ①大… Ⅱ . ①赵… Ⅲ . ①大学生－成功心理 Ⅳ . ① B848.4

中国国家版本馆 CIP 数据核字 (2011) 第 066425 号

大学生最重要的 9 个决定

DAXUESHENG ZUI ZHONGYAO DE 9 GE JUEDING

著　　者：赵　一

责任编辑：李　娟　　　　　　　　　　责任校对：一　苇

封面设计：玥婷设计　　　　　　　　　封面印制：曹　净

出版发行：光明日报出版社

地　　址：北京市西城区永安路 106 号，100050

电　　话：010-63169890（咨询），010-63131930（邮购）

传　　真：010-63131930

网　　址：http://book.gmw.cn

E - mail：gmrbcbs@gmw.cn

法律顾问：北京市兰台律师事务所龚柳方律师

印　　刷：三河市嵩川印刷有限公司

装　　订：三河市嵩川印刷有限公司

本书如有破损、缺页、装订错误，请与本社联系调换，电话：010-63131930

开　　本：170mm × 240mm

字　　数：220 千字　　　　　　　　　印　　张：15

版　　次：2011 年 6 月第 1 版　　　　　印　　次：2025 年 1 月第 3 次印刷

书　　号：ISBN 978-7-5112-1128-6

定　　价：49.80 元

前　言

PREFACE

　　大学像一座神秘的学术殿堂，吸引着每一位渴求知识、积极向上的年轻人。大学时期是独立人格形成的重要时期，是年轻人由校园向社会过渡的重要阶段。就像从小庇护在妈妈丰满羽翼下的小鸟飞了出来，独自面对大千世界一样，大学生们需要尝试各种新鲜事物，面对各种不同的选择。因此在大学这座殿堂里，作为一名大学生不仅要培养起一种刻苦钻研的学术精神，更要学会如何面对和处理人生中出现的各种关键性的矛盾和问题，并做出积极、正确的选择。大学时期重要决定的正确与否，很可能对今后的事业发展和生活幸福产生深远的影响。

　　对于一位经过奋斗步入大学校门的学生，从入学的第一天起，你就要面对大学阶段的刻苦学习和独立生活。在这段独特的人生旅程中，你将要面对更多的人生经历与思考。当代大学生多是生于 20 世纪 90 年代，并在父母的襁褓中逐渐成长起来的独生子女，走进大学校门之前，往往没有独立生活的经历。由于大学时期的学习较之中学阶段在学习态度、学习经验和学习方法等诸多方面存在着很多的差异和不同，因此，在这个人生转变的关键时期，许多学生踏进大学校门之初便遭遇到诸如学业规划、人生定位、未来发展等诸多问题的困惑与苦恼。由于这些问题的存在，使得此时的他们或是徘徊在人生的岔路口，或是做出了选择而不知该如何迈出下一步，抑或是深陷于某个问题的矛盾中而无法自拔。

　　考大学之前，当看到千军万马过高考这座独木桥时，是参加高考，还是出国留学，成了很多高中生的困惑。在考入国内大学后，很多学子同样面临着很多难题：

　　进入大学后，该怎样迈出学习生活的第一步？

　　校园交际圈里，将如何选择朋友？

　　如何兼顾学习与实践？

　　如何选择让自己受益终生的书籍来阅读？

　　如何管理好自己的金钱，做到理性消费？

　　面对感情防线，选择克制还是服从本能？

　　……

　　不可否认，每一位即将走进大学的学生都怀揣着对大学美好生活的无限向往与憧憬。大学时期，其实就是从走进大学到毕业，再到走向未来的一个过程。在这个过程中，若有了美好的追求目标，健康的心态和对学习、生活的强烈兴趣，你便会怀着一种对大学生活的热爱之情去判断、做出大学时各种重要决定。此时，许多令人苦恼的问题也就会很自然地迎刃而解。然而，当遇到这一系列重要的人生选择时，你将采取怎样的方法来解决和克服呢？如果在大学时期，你不知道自己学会了什么、将来能够做什么，那么，你大学的经历就一定是盲目而毫无目的的。

　　正确的决定加辛勤的努力可以使你获得更加光明的前程，而无限地虚度光阴和深陷在错误决定的泥淖中则会把你葬送在无知的深渊中。为了避免在大学时期走一些弯路，也为了让我们的大学学习和生活更有目的性和针对性，本书总结出了大学时期最重要的9个决定，并结合当前大学生的实际学习和生活经历，精心筛选、编排出了许多具有代表性的典型事例。古语说"他山之石，可以攻玉"，本书中一个个事例，有的会帮助你做出正确合理的人生选择，有的会激励你朝着正确远大的目标不懈努力。当你认真地做出了这9个决定之后，相信你在丰富的校园生活中，也能得到更多关于人生和成长的指导与经验。本书的目的还在于向你揭示出大学生活的真谛，描绘出一幅如何成功、如何成长的宏伟蓝图。

　　李开复博士说过，大学生临到毕业时的最大收获绝不会是"对什么都没有的忍耐和适应"，而应当是"对什么都可以有的自信和渴望"。我们以这句话作为结语，告诉大学生们在大学阶段应该怎么度过。

目 录
CONTENTS

第 2 个决定　规划大学，我该从哪里起步

第 6 个决定　性选择，理智与本能的较量

第 9 个决定　就业，还是创业？我的未来由我定

第 **1** 个决定
读大学，我要到哪里去

大学这座"象牙塔"，已经变得没有那么神秘了。但仍有很多学生为大学的选择而困惑，去哪儿读？怎么读？下面将为你解开困惑。

国内求学，"享受"风雨后的美丽

圆梦燕园

俗话说，十年磨一剑。对于大多数渴望在国内继续深造的学子们来说，高考这条象牙塔的必经之路成了他们改变命运、实现人生理想的重要途径。尽管激烈的竞争给学子们带来了沉重的压力，但是，仍有许多不畏艰辛的执着者，一路披荆斩棘，以常人难以想象的刻苦和努力，不断拼搏，最终实现了自己心中的梦想。

和大多数高中生一样，高考是圆圆人生中一个重大的转折点。高考前，圆圆从未离开过家乡，她像一只被关在笼子里的小鸟，对外面的世界充满了好奇；高考后，她第一次远离家乡，依照梦的方向踏进了文学气息凝重的北大燕园，曾经的那一瞬间，颇有"不鸣则已，一鸣惊人"的豪气。现在，她坐在北京大学中文系的教室里，手捧一本《诗经》，静静地听老师在讲台上细心讲解，慢慢咀嚼，不甚优哉。

圆圆出生在农村，虽然她的家乡不算太穷，但教育还是很落后，读大学可以说是连想也不敢想的事情。6 岁那一年，她的两个哥哥到了上学的年龄，圆圆哭着闹着要和哥哥一起进学堂。就这样，圆圆开始了她的读书生涯。

母亲用一块花布缝了一个书包，这就算答应了她。圆圆家里有两个哥哥扛着，也不用她干活儿，所以她上完小学又进了初中。家里人从来不问她的学习成绩，她上学和放学就像她父亲出工和收工一样，只是顺其自然的事。

中考时，圆圆摘取了本县状元的桂冠，顺利升入高中。

进入高中后，她学习更加用功。每次回家，父母都对她表现出极大的关爱，乡亲们更是把她看成全村的荣耀。虽然村里对女孩不宣扬"光宗耀祖"、"衣锦还乡"之说，但看到因圆圆的带动，村里人对孩子们的教育逐渐重视起来，父母心里感到由衷的高兴。

"勤学如春起之苗，不见其增，日有所长。"进入高三之后，圆圆更加努力了，即便是拿第一，她也要认真分析每次的考试卷子。

按照圆圆当时的学习成绩，如果不出现意外，考入北大或清华是有很大希望的，但是为了确保万无一失，她还是不敢有半点松懈，学习时间比原来抓得更紧。因为她知道，在自己的心中，不仅仅是为了圆一个大学梦，更重要的是圆一个燕园梦。多少次，她在一些文学书籍中读到了未名湖畔文人骚客留下的心声；又有多少次，燕园的博雅塔在梦中向她召唤。

在那段日子里，圆圆每天早早地起床背书，再下楼买块面包飞奔到教室开始一天的听课、做笔记、背书、写作业，然后是披着夜幕奔回寝室继续奋战……

相当长的一段时间里，她每天都单调地重复着程序化的生活：没有双休日，没有户外活动，没有与好友的沟通，也没有时间去阅读那些她最喜爱的文学书籍——除了备考。

每到这个时候，圆圆总是十分清醒地在心中对自己说："在通往北大的道路上，不知挤了多少人，此刻，我绝不能放弃！"

接下来的日子过得很快，在期待与恐惧中，高考终于揭开了它神秘的面纱。2009年6月7日，圆圆带着自信走进了考场；8月份，她收到了北京大学的录取通知书；9月份，在乡亲们的锣鼓声中，她登上了开往首都北京的列车，开始了又一轮求学之旅……

相信圆圆的北大求学经历一定会给学子们一些拼搏的动力。国内的一流学府吸引着众多像圆圆一样有梦的孩子，国内大学仍是大多数学子的首选——不必远渡重洋就可以接受高等教育的熏陶，聆听学者儒雅广博的智慧之音，这样的地方谁不向往呢？

虽然高考的独木桥仍有些让人心惊胆战、如履薄冰，但求学和成长本身就是充满艰辛的过程，没有人能够坐享成功，除了付出汗水，我们没有任何通往胜利的捷径。同时，我们也要相信自己，把高考看作一个平台，尽可能地在这里展现我们的智慧与能力。

如果把高考比做一道墙，墙里面和墙外面就是两个截然不同的世界，经历几重风霜之后，掸去肩头残留的试题硝烟，你就会有机会跨进国内知名学府，看看这个崭新的世界。

社团组织试身手

在国内上过大学的人都知道，在大学这座神圣的知识殿堂里有博大精深的文化和思想，有我们不断追求的学术与真理，更有施展才华和梦想的广阔舞台。每一位能够踏进大学校门的学生，都是在高考的激烈竞争和严格选拔中脱颖而出的佼佼者。他们终因大学——这个共同的目标而走到了一起，在这个放飞激情的舞台上演奏出一曲曲华美动听的青春乐章。

程志刚组建摄影协会源于他自小对摄影的偏好，更源于他进校时，对众多协会中竟没有摄影协会一席之地的质疑。

大学的第一学期程志刚竞选为班长，在琐碎的工作中，他学会了很多。第二学期程志刚放弃了班长职务，竞选为年级的外联部副部长。这时，组建协会的意念才进入了他的脑海。他是一个敢想就敢做的人，心想：既然别人能组建自己所钟爱的社团，我为什么就不能呢？就当作是一次对自我的挑战，能不能成功并不是最重要的，重要的是为了自己的理想而奋斗过。于是程志刚就把自己的想法告诉了社联里熟识的一位部长，这位部长对他的想法表示支持，也给予了他极大的帮助。同时，程志刚又找了几位志同道合的同学，一起组建摄影协会，因为他们都有一个共同爱好——摄影，他们都有一个共同的理念——让自己的理想腾飞。

组建的过程是十分艰难的，没有资金，他们自己出钱；为了节省，他们所有的资料都是在学校机房里一个字一个字打出来的。如今程志刚回想起那段时光，苦涩中也有甘甜，因为有许多爱好摄影的同学给予了他们热情的关注与支持，这才使得他们始终没有放弃。

后来，社团不断发展起来并组建了理事会，程志刚也成了摄协的会长。同时，摄协与其他高校的合作也在不断向前发展，程志刚的团队接手的第一个大型活动就是校际"摄影创意大赛"，这是第一次任务，也是第一个机遇。

在前期的拉赞助中，程志刚跑遍了各大公司，一家一家地打电话，拿着策划书一家一家去协商，也一次又一次被拒之门外，投下的策划书犹如石沉大海般得不到任何回报。

就在他几乎要放弃拉赞助之事的时候，突然传来捷报，河南一家集团公司愿为他们提供赞助。就这样，第一次活动在挫折中取得了成功。

后来，程志刚又成功地举办了"和谐社会摄影展"、"民俗摄影展"等各种摄影艺术展览。同时，程志刚的成绩也一直名列前茅，并且每学年都被评为校级"三好学生"。

大学，给了你放飞激情和梦想的舞台，更给了你锻炼自我、提高能力的机会。在大学里，有许许多多像程志刚一样品学兼优的大学生，他们不仅十分认真地完成了自己的专业课程并取得了优异的成绩，而且也通过组建或参加各种社团活动积累下丰富的实践经验，使自己成为更能适应未来社会发展的德才兼备的人才。

大学是个美丽的新世界，如果你肯用心观察，就会发现这里有很多非常优秀的学生精彩地演绎着他（她）的大学生活。在下面这个故事中，主人公就是一个聪明的精灵，轻盈地飞舞在大学校园里。

她叫田恬，很美的名字和很漂亮的人。她从小在一帆风顺的环境里成长，高考遇到一点小波折，到了一个不算最好但她还喜欢的学校。一开学就是军训。她出身军人家庭，父母在西藏工作多年后迁回故乡，把干练刚强的军人作风完好地教给了她。这是别人无法获得的良好教育。所以，踢腿、抬手、挺胸、昂首，她一板一眼，做得有模有样。很快，她从同学中脱颖而出，成了副排。她性格大方爽快，考虑事情周到细致，工作卖力，阅兵之后获得了师级嘉奖。这是很好的开端，来自她自己的努力和争取。

很快班委选举，之前显示的工作能力和工作态度使她以无可争议的票数当选为班长。于是她开始整天忙忙碌碌，所有她该操心的不该操心的，她都劳心费神地想到了。但她不觉得累，倒认为这是锻炼。同学们也拥护她。

在她的工作中也不是没有困难。她从初中开始就当班长，习惯了独立思考和判断事情，做周密细致的工作计划，所以有同学反映她过于专断。听到这个议论，她先是心里一惊，然后委屈，再然后细想，觉得是自己的错误，苦闷了好几天。

但她也不是只工作不学习的人，她年终考试的成绩也名列前茅。一年后她参加了学生会竞选，当选为副主席。她一直很有目标，自始至终为自己的大学生活选择了一条最简捷也最有效的道路，她的未来充满了光明。

一分耕耘一分收获，田恬拥有的一切都是她的能力和努力换来的。我们国内的高等教育已经改变了过去的模样，不仅重智力而且重能力，重创造力、应变力。在我国的大学里，重视个性发展的西方教育模式与重视严格统一要求的东方教育模式，正在逐步相互借鉴、相互补充、相互融通。中国的大学已经有足够的资源支撑起每一个同学的梦想，当正确、合理地利用好这些资源时，你便能够打造出一片属于自己的蓝天。

打造一个全新的自我

在你进入大学之前，往往认为取得了录取通知书便是实现了自己的梦想，但事实上，这只是梦想的开始。因为大学是一个新的起点，一个美丽的新世界。你可以从这个新的地方获得新的东西，这个地方是你精神继续生长的新的家园，这个地方是你理性光芒继续闪烁的原野，这个地方是你要汲取营养的母体，这个地方是你要精彩表演的舞台。

佳佳是在大一下学期才适应大学生活的。刚上大学时，因为是第一次离开父母、离开家乡，入学后新鲜了几天她就开始想家了。11～12月是最难熬的，她天天晚上躺在床上算放假的日期，不知躲在被窝里哭了多少回……可现在她不仅习惯了大学生活，而且显现出很强的自主性与独立性。

再有三天就放暑假了，佳佳还没有选择好自己假期的活动方向，打工、旅行、专攻英语、系统地看几本书？反正是不回家。这几天，家里天天打来长途电话催她回去，可她不想回去。她要利用这个假期好好干点事。

像佳佳这样准备暑假打工的大学生还有很多。这样也许挣不了多少钱，也许会上当受骗，但人总要迈出独立的第一步。因为步入大学你就站在了一个新的起点上，这一切都将意味着你要开始一个人面对接下来的生活。

家在山东龙口的庞贝贝就读的中学以学风严谨著名。这使得她特别擅长考试，一直以来都善于将平时积累的全部知识和灵感一股脑儿地表现在试卷上。高考中贝贝很成功，但这个成功也只能给予她一个大学入门的许可。要在大学里顺利发展，用贝贝自己的话来说，就是所欠缺的东西还太多。

因为进入大学之前，庞贝贝还从来没有过独立生活的经历，没有洗过衣服，没有住过集体宿舍，甚至不知道熙熙攘攘的大食堂会是什么样子。她虽然不喜欢父母干涉自己的事情，但在心理上又依赖父母。

高中三年，庞贝贝曾经是班长，但她从来没兴趣组织任何活动，也不打算指挥任何同学做事情，同时她也不愿意被别人指挥，没工夫去参加学生会之类的团体。在同学中，庞贝贝的人缘不错，但很少发现她有什么事情需要大家一起合作来完成，独立思考、自行其是是她生活的主要方式。其实这也没有办法，因为此时生活的主要内容就是考试，而考试显然不需要谁出头来策划组织。

进入大学后，庞贝贝才发现自身欠缺的东西太多了，比如缺少独立的生活能力、适应陌生环境能力比较差、容易产生孤独感、缺乏团队合作意识等。她渐渐意识到，大学的生活不仅仅是学习，更多的是培养一个人处理问题、解决问题的能力。大学是自身锻炼的新起点，假如一个人觉得周围什么都不好，自然就离群索居了，跟别人打交道也不会自信，甚至可能在新的集体中被边缘化。

其实，像佳佳和庞贝贝这样的学生大有人在，上大学之初，她们自身都存在各方面的缺点，但是经过大学时期的历练，他们便可以满怀自信，微笑地面对未来的崭新生活。

上大学的目的就是锻炼自我、完善提高自我，所以学习克服自身在生活自理、环境适应、人际交往、团队合作方面的缺陷是大学时期的重要任务。人无完人，面对大学这个新起点，我们要做好吃苦锻炼的心理准备。

随着中国高等教育的改革，我们应该充分相信国内的大学将完全有条件、有能力塑造出大批一流的人才，给这些学子一个施展才华的大舞台，让羽翼尚显稚嫩的孩子们在自己熟悉的大环境中学习展翅高飞的本领。既然在国内大学就可以得到很好的锻炼和提高，经济又实惠，中国的学子们又何必千山万水、舍近求远地去留学呢？

为学先立志，志当存高远

要想实现自己的人生理想和目标，在入学之初，你就应尽快树立起自己的远大志向。许多为大家熟知的名家们都是在国内求学的日子里确定了自己的人生理想和目标，矢志不渝，为之奋斗终生，并最终取得了成功的。

冰心是我们都十分熟悉的女作家。许多大学生从小时候便开始读她的《小橘灯》、《寄小读者》等优美的文学作品，然而，却很少有人知道，冰心女士的人生志向也是在她大学时期开始确立的。

1912 年，冰心考入福州女子师范预科。两年后，父亲到北京出任海军部司长，冰心随着父亲来到了古都北京，从此，她和北京结下了不解之缘。1918 年，18 岁的冰心从北京贝满中学毕业，进入协和女子大学预科学习医学。当医生，这时候成为她的理想职业。

然而不久，情况发生了变化。1919 年，"五四"爱国运动在北京爆发了。5 月 4 日那一天，冰心正在医院里陪着做手术的二弟，一个亲戚走进来，兴奋地说："太好了！北京的大学生们为了阻止北洋军阀政府签订出卖青岛的条约，在天安门聚集起浩大的游行队伍，呼口号，撒传单。后来，他们又涌到卖国贼的住处，火烧了赵家楼！"

冰心听了，也激动起来。这一夜，她没有睡着。第二天她跑到学校一看，校园完全变了样。协和女大是所教会学校，一向与政治运动相距甚远，可此时也无法抵挡住汹涌的时代潮流了。那些一向温文尔雅的女青年，都在慷慨激昂地议论国家大事，有时甚至争论得面红耳赤。很快，大家成立了学生会，还参加了北京女界联合会。冰心因为文章写得好，被选为"文书"。这样，她就写了不少宣传文章，后来她的文章还在有名的《晨报》发表了好几篇，这大大激发了她写作的积极性。

她觉得自己有许多话要说。她想，既然自己对社会各种问题有自己的见解，为什么不写出来呢？于是，她开始以"冰心"为笔名，写起"问题小说"来。第一篇小说是《两个家庭》，发表于 1919 年 9 月。她写了两个家庭的夫妻关系的不同，提出了对家庭和婚姻问题的看法。冰心对军人向来是崇敬的，她这期间还写了不少有关士兵生活的小说。后来，她又写了不少反映家庭关系、社会矛盾的"问题小说"，在社会上引起了很大反响。1921 年，冰心加入了著名的文学团体——文学研究会，成为该会最早的会员之一。

1921 年暑假后，冰心决定放弃当医生的愿望，转入燕京大学文科。她边学习边创作，不但写小说，还写散文、诗歌。两年以后，她毕业了，出于对儿童的热爱，她开始给小朋友们写东西。《寄小读者》通讯，成为她最著名的作品。

冰心在十几年中为儿童们写了大量作品，如《陶奇的暑假日记》、《小橘灯》、《在火车上》、《好妈妈》，等等。在《陶奇的暑假日记》里，冰心满腔热忱地写了在新社会成长的一群孩子。他们虽然各有缺点，但都是那么可爱。在他们的心目中，生活总是光明的、向上的。正是冰心在国内大学里确立了文学志向，才使她终身致力于儿童文学，为现代文学增添了光彩。

大学是人生的加油站，对你以后能飞多高、多远起着决定性的作用。北京大学法学院朱苏力院长在迎新报告《这一刻，你们是主角》一文中提到："在大学里，你会发现一套与在中学那里得到的不同的有关知识、学术和社会的规范。"这位大学时期的骄子，后来注视着一代代大学生成长的师者，对大学的感悟和解读，更具有一种深刻与成熟的力量。而在入学之初，你所确定的志向将会不断影响你整个的大学生活，使你在大学中得到方方面面的收获和益处。

首先，大学时期是我们积累广博的知识、不断开阔眼界的时期。无论是将来走向社会的首要条件——精湛的专业知识，还是立足社会的必要条件——良好的综合素质、完整的知识结构，都在这一段时间得到了最初也是最稳固的发展。正如国内某位大学老师讲的："以后你们很难再有如此完整的一段时间完全投入学习环境中了。"

其次，大学生开始更多地考虑怎样做人，做一个什么样的人。由于中国特殊的国情，大学生走出校园后必须面临严峻竞争的现实，尤其是通过大四的考研、求职过程，大学生逐渐认识到社会的复杂性、残酷性，心理上真正完成了由未成年到成年的转变。这对一个人的成长和发展是举足轻重的。大学时期是一个人能力全面提高的阶段。这里的能力不光是指专业的学习能力，更指组织能力，处理各种关系的能力，观察社会、抓住观察后面更本质的东西的能力，解决问题及创新能力，心理调节承受能力，等等。

最后，大学时期还是人格的塑造和完善的时期。大学独特的氛围对人格塑造的积极作用是其他任何环境都不能替代的。一位高校教授曾说过："一所学校的人文精神、文化氛围如何，在很大程度上会决定这所学校学生的人格，就像北大人在外人看来天生有种近乎狂傲的自信一样。"

因此，能否学有所成，关键取决于个人自身的努力，外界环境只是次要因素。当你扬起志向的风帆，你的大学生活就会朝着既定的方向发展，你在国内的大学生活一定会是充实而自信的。

出国——留学路上去取经

留学热潮，冷静对待

据国家教育部统计，从 1978 年到 2010 年年底，各类出国留学人员总数达 190.54 万人，从 1978 年的 860 人发展到 2010 年的 28.47 万人，截至 2010 年年底各类留学回国人员总数达 63.22 万人。

随着高考的临近，部分考生一边紧张备战高考，一边由家长为其着手出国留学事宜，做起了两手准备。据某留学中介的方小姐说："这段时间前来咨询留学的主要顾客群是高中生家长。每年高考前后，都会有不少考生家长前来咨询留学的事情，不少国外高校也会借这段时间来国内寻找优秀生源。"

齐娜，上海市普通高中 2005 年毕业生，成绩在班里属于中等稍偏下。但是她偏科，英文和语文非常好，数学却很差。本来齐娜很想上上海外国语大学，但是从综合成绩来看，希望渺茫。后来经过考虑，她选择了西悉尼大学的翻译专业。虽然这个大学综合排名一般，但是其翻译专业实力很强，是为数不多的在本科阶段就开设翻译专业的大学之一。齐娜最后冲刺雅思，考出了6.5分的优异成绩。目前她正在西悉尼大学就读，已经顺利进入大学本科阶段学习且成绩优秀。

许多专家指出，考生、家长不应该把留学作为考试失败的退路。针对这些现象，因私出入境服务中心澳新室经理彭先生认为，现在很多学生都是因考不上大学或者考不上好大学才会出国，这种想法存在问题。他认为，考生、家长应该针对个人的不同情况考虑留学问题。

另外据新浪网教育频道的调查显示，2010年参加全国统一考试的约有957万人，而全国各省市高考平均录取率仅为69.5%。其中，本科为36.4%，专科为34.1%，即录取本专科学生675万人，其中本科349万人，专科326万人。

面对这个统计数字，我们可以十分清楚地了解到国内高考的录取率依然较低，相比国外"教育大众化"的理念还相去甚远。这样，无论从教育质量还是录取率来看，国外的高校似乎更具竞争优势，因此吸引了不少国内的高中生去国外留学。

高考之后甚至不参加高考直接出国读大学，是这些年来部分高中生的选择，例如澳大利亚高校便是上海学生的首选。在2006年赴澳的4000余名上海学生中，约40%为就读大学预科的应届高中毕业生和在校生生源。教育是澳大利亚主要的出口项目之一，澳大利亚高等教育总体水平较高，留学费用相对适中，有比较宽松的多元文化环境且很欢迎外国学生，是一个大众化的留学目的地，比较适合经济条件不错的家庭。与之相比，英国大学学费很昂贵，还有不少国家要过小语种的语言关。

同时，留学机构负责人也指出，目前赴美办签证有一定难度，且学生一般需提前参加美国的"高考"——SAT。该考试内地尚未设考点，考生最近也要到香港参加考试，这些门槛使得读美国大学不那么容易。此外，一些欧洲国家如法国、德国的大学本科阶段属于免费教育，基本不招收中国的应届高中毕业生。

既然出国留学并非易事，那么为什么又会有那么多的高中生在高考前后选择这条道路呢？难道仅仅只是为躲避高考的重重压力吗？有位业内专家曾分析指出，获得就业竞争力，这是留学的最低目标。高中毕业出国留学，只要上的是正规大学，一般而言，都能够获得在国内、国外选择就业的竞争能力，即环球化就业竞争力。不留学的人也许能够在国内找到工作，但很难在国外获得就业竞争力——即使在国内，如果没有相当好的外语能力、现代意识和素质（留学所追求的能力），也难以找到理想的工作，因为国内大部分高薪、有发展前景的工作，都需要外语及各种现代人才必备的素质。

可见，有对成功的渴望，学习成绩好的学生比成绩差的更有理由出国深造，留学绝不是因为在国内考不上大学而迫不得已选择的一条"后备"之路。炎炎夏日，火热的招生季节，火爆的留学市场……在做一个事关孩子前途的重大决定前，我们都需要冷静思考。

选择不一样的成长道路

"看过爱琴海的蓝色，便觉得其余的海域总有些混混沌沌、不清不楚。这里全是岩石海岸，所谓的沙滩也全是粗大的石粒，绝少泥沙，所以数米深的海水都是晶莹剔透的，可以看见鱼儿在游。再往深处去，重重叠叠的海浪尽情地把天光吸纳、摇匀，酿成不透明的极纯的湛蓝色，似乎还有了黏稠感，让人只觉得心神随之荡漾起来，才明白了荷马把爱琴海形容成'醇厚的酒的颜色'是多么的受用。"

这是著名主持人杨澜在她的散文集《凭海临风》里面对爱琴海的一段描写，她那细腻而优美的笔触仿佛把我们带到了爱琴海边，尽情享受海风轻轻吹拂着耳畔的悠闲，也许这就是我们所向往的留学生活。

上高一时，父亲就计划让小马出国留学。那时的小马还没有太多的主意，对于国外的情况也知之甚少。在妈妈红着眼睛给他打包行李时，他才第一次感觉到了离别的哀愁。留学的第一站是加拿大的温哥华。他在当地的私立高中上学，国际学生每门课的学费就比当地学生贵几倍。那时，小马还不懂事，除了对学费、生活费不以为然外，也没有刻意让自己走进当地学生的圈子。

结果，高中毕业时，他既没有学会一口流利、标准的英文，也没有考上温哥华当地的两所知名大学。那一年回国过节，父亲狠狠地批评了小马。后来小马才得知，原来自己的家境并非想象中的那么富裕，为了供小马在加拿大留学，父母已经花掉了大部分的积蓄。在母亲的苦口婆心下，小马决定转学多伦多。痛定思痛，小马开始为自己的将来打算。他想，也许当年出国的决定太过盲目，但是今后的日子一定要对得起父母。

到了多伦多之后，小马开始专攻英文。为了能够考上加拿大约克大学，为了不浪费自己的时间，小马先申请了当地的一所学院，开始弥补自己与其他学生间的差距。

经过一年多的努力学习，小马的愿望实现了。

这一年的认真学习让父亲看到了儿子的成长。在多伦多，小马为了节省房租，在郊区租了房子。每天上学，小马必须转换1个多小时的公交车与地铁，十分不方便。为了奖励儿子，父亲出钱为小马买了一辆二手车。有车容易养车难，小马决定自己承担每个月的保险费、油费以及维修费用。与许多留学生一样，小马利用自己的空闲时间，开始过起了打工生活。可是对于他来说，要适应打工的辛劳更难一些。以前，小马从来不懂如何做家务，每次外出吃饭都会根据自己的喜好点上几个小菜，可现在，为了节约生活费，好吃的、想吃的他都不能随便吃。为了打工，有时他还必须饿着肚子加班。利用假期，小马在朋友的推荐下找到了他的第一份工作——在餐馆当服务生。小马第一次体会到了作为一位服务生而不再是用餐者的心情。忙的时候，虽然小马已是饥肠辘辘，可依然要坚持为客人服务；有时，客人点的龙虾原封不动剩在那儿，小马就端回厨房，给服务生的消夜加菜，据说这是厨房的规矩……那些以前小马从来不在乎的浪费行为，那些曾经随便点的菜，现在在小马眼里都会有莫大的不舍。那一个暑假，小马没有要求父母替他买机票回国度假，而是凭着自己的努力赚钱供车、付房租。

也许，出国前两年，小马还是一个孩子，不懂节省、不懂孝敬父母，可是，在加拿大留学这两年，小马却比同龄人成熟不少。原本成绩中等的他，凭借自己的努力考上了多伦多的知名大学；原本什么都需父母安排的他，现在已能想到为父母减压，为自己的将来作计划。很多事不怕做不到，只怕想不到。

在父母眼里，送小马出国，没有错。

就读加拿大圣玛丽大学金融、会计双学位的艾琳谈起她出国的经历，也是十分兴奋。

出国这件事在艾琳高中时就开始酝酿了。后来她进了大学，学的是语言，非常轻松，都是书面知识，背了考了就忘了，完全不是学习，而是应付考试，她感觉能力丝毫没有得到培养。于是她自己在外面充电，托福，雅思，英、日口译，商务英语，计算机，一个都没有被她放过。学完之后她发现，60%的课外培训班基本都是为出国做准备的。

一次，艾琳去了一个英国留学展览会，参加了几个学校的面试，也拿了不少相关资料，开始对留学产生了兴趣。出国之前，艾琳的身边有很多朋友已经在世界各地就读，所以了解了不少信息，但大多数是负面的。但当问到他们留学值不值得时，答案却多是肯定的，都是想换个环境，开开眼界，又不太满意国内大学的教育方式，而且也没有考上理想的学校，才最终决定出国的。

接着就是去哪里的问题。英国曾经是艾琳留学的首选，她喜欢那种古老的文化底蕴，可是其昂贵的英镑艾琳实在负担不起。美国是艾琳想去可去不了的地方。不知道为什么，虽然艾琳不喜欢美国的氛围和其霸道的姿态，但对于学习和工作，那里绝对是块金土地！她最终选择了环境好、学费相对适中、教育质量很高的加拿大。

艾琳希望学到真正有用的知识，使自身能力得到提高，在同辈中出类拔萃，找份好工作，把父母接到加拿大养老。总体上，选择留学对她来说是个明智之举，因为艾琳很明显感到自己变得比以前独立了。但同时她也感觉到自己还需要时间和经验的累积，使自己变得更成熟。

现在正想出国留学的朋友们，读了这些留学生在国外生活的经历，心里要很清楚：出国不是去旅游度假，而是去吃苦的，是去接受锻炼的。总之，出国前一定要做好心理准备，对于在国外的生活情况，要心里有数。当然，出国留学能使学生在各个方面受用无穷，如果条件允许的话会是不错的选择。

飞翔，你不能没有方向

佛教中流传着一个十分古老的传说，西方有莲花山、须弥山，皆是风景优美的极乐所在。其中莲花山上还生长着火莲花，人得到火莲花便可以拥有终生的幸福，达成毕生的愿望。因此莲花山和须弥山从来都是佛教信徒们向往的地方。有两个信徒阿土与阿木，私下里为朋友，相约在莲花山相会，却并不一起上路。信徒阿土与自己的朋友分手后，选择了一条道路启程了。阿土选择的道路是他所熟知的，也是众人公认的通达莲花山的最为平稳的一条道路，先前已经有人经由此路成功地到达了莲花山。阿土选择了这条道路后，走得勤勤恳恳、谨慎小心，因为他了解并深信这是一条最终能够成功的途径，所以他走得扎实而执着。不知道经历了多少个春秋寒暑，阿土终于到达了莲花山的顶峰，看到了梦中常常出现的火莲花，同时他也看到了在顶峰上等待自己的朋友阿木。阿土并没有在路上碰到自己的朋友，他深知阿木并没有选择与自己同样的道路，这也是他们最初相约的规定内容之一。但结果却是，阿木已经先自己到达了莲花山，而且看来是已经到达很久了。的确，阿木已经到达很久了，他已经完全将莲花山上的极乐体会了个遍，准备动身去须弥山了。

阿木是从一条非常规的道路到达莲花山的，走这个非常规的途径需要付出更多的努力，需要更多的勇气和智慧，也要碰到更多的风险，但是它也有更好的回报。阿木得到的回报就是让自己先于阿土登上莲花山。

完成事情的途径有常规和非常规之分，采用常规途径有成功的可能，采用非常规的途径也未必不能成功。假设两者都在成功的规范之内，走非常规之路无疑更容易让人成功，也更容易让人腾出时间去寻求更高的目标。

对于许多在高中时就选择出国的学生来说，他们是在寻找一条像信徒阿木一样的非常规的道路。当然，说到底，留学更多的是让人懂得如何去生活，如何在一个完全陌生的环境里摸索，然后去适应，最后做到掌握。很多去国外的留学生在出国前把国外想得太好，如果不把握好心态，正视留学的目的，很可能一下飞机就傻了眼。

小高当初出国的目的就是为了锻炼一下自己，走出去看一看外面的世界。

刚到荷兰时，小高感觉国外的生活的确很苦，对于留学生来说最大的问题就是饮食。因为东西方饮食差异很大，大多数留学生根本不能适应西方人的生活习惯，尤其是从国内大城市出来的孩子。但经过几年锻炼，当她回顾这几年的感觉时，发现自己真的学到了很多东西，不光是学习上的，更多的是生活上的。

送子女出国留学已经成为越来越多家庭考虑的事情，因为很多人慢慢意识到留学是一个自我增值和自我历练的过程。那么如何才能让留学更有价值呢？那就是应该先把你出国的目的想清楚。

1. 树立明确的奋斗目标

大家可以先设立一个个人战略目标，比如成功完成学业，找到理想的工作，等等。每个学期都要有自己的任务和目标，并且把它贴在墙上时时督促自己要完成任务。可能有人会说目标都是虚的，而且定出的目标可能在不断地变化，一定很难实现，但是有目标要比没有目标更能令人产生高倍的效率。目标可以顺应环境而调整，但是有一个明确的目标、知道自己在干什么是很有必要的。

2. 学会利用资源

利用好各种资源能使自身迅速增值。许多人在利用资源方面的能力十分欠缺，而且不懂得学习的方法。譬如国外学校的图书馆就是一个很好的资源，它的价值可能不仅仅体现在平时赶作业上，更重要的是在平时闲暇里的耳濡目染。喜欢旅游的朋友还可以到当地的名胜和著名的景点去游览一番，从而对该国的人文环境和文化有进一步的了解和认识。很多留学生的家庭为此付出了高昂的学费，所以留学生应对国外的各种有利的学习资源好好地加以利用。

3. 开阔视野，广泛涉猎

从长远意义上来说，视野的开拓远比单纯获得优异的学习成绩更重要。有不少人整天在图书馆里埋头苦读，两耳不闻窗外事，认为这样就能取得优异的成绩，将来能找到理想的工作。这种想法是错误的，这样的做法也是不值得提倡的，因为这种看似用功的做法限制了一个人的思维。其实，要在留学生活中获取一定的价值，很重要的一点就是要主动地开阔视野，进而培养自己对一些未知领域的兴趣。

对于出国留学，你不能简单地理解为"镀金"。你要学会如何独立学习，还要从生活中不断领悟和总结，学会做人，从而使留学的成本投入达到最大的增值，这样你才不枉此行。

准备好，漂洋过海读书去

有这样一则寓言：一个初学打猎的年轻人跟着自己的师父一同到山里去打猎。没走多远，他们就发现两只兔子从树林里窜了出来，年轻猎人很快就取出自己的猎枪。两只兔子向不同的方向跑去，年轻猎人一下子不知道该向哪只兔子瞄准了，想打这只兔子，又怕那只兔子跑了。猎枪一会儿瞄准这只，一会儿又瞄准那只，就这样瞄来瞄去，结果兔子不见了踪影。年轻猎人感到十分气恼。他的师父安慰他说："两只兔子向不同的方向跑，你的枪虽然快，但是也不可能同时射中两只呀。关键是你一定要选择好目标，这样你就不会空手而归了。"

当你的面前摆着国内求学和出国留学两条道路的时候，你会选择哪一条呢？你可千万别学寓言中的那个年轻人，毫无目标、毫无准备地一会儿"瞄准这只"，一会儿又"瞄准那只"。等你想明白过来的时候，机会早就从你身边跑掉了。为了避免在"两只兔子"出现时，你慌乱之中不知该如何做出决定，这里特意向你推荐一个"高中生留学优化选择"方案，你可以结合个人的实际情况，做好充分的准备。

1. 全面衡量，决定取舍

对于考取正规且质量较好大学的学生，最好选择在国内完成大学本科学业后再谋出国留学。因为去国外攻读硕士学位无论在时间上还是在金钱上都是一个最佳选择，且去国外读硕士学位相对更易于申请到奖学金。

对于没能考取理想大学却不愿意服从调剂的学生，一定要在充分衡量家庭经济状况的前提下，选择自己的留学之路。充分衡量自身的学力水平亦不容忽视。如果感觉到自己在此次高考中确实是因为一时的发挥失误，今后在学力水平上尚有发挥空间，可考虑放弃国内大学选择出国留学。

对于高考未上线的考生，是复读还是选择出国留学，一定要充分衡量自己的学力水平。如果没有十足的胜算，选择复读较为冒险。

2. 两手准备，进退有余

无论是高考上线生还是线下生，即使决定选择出国留学，亦不要"背水一战"。因为申请留学是一个周期相对较长、手续较为复杂的过程，其中随时还可能出现许多不确定因素。如日本发生了 2004 年 4 月入学申请者在申请的过程中因签证政策变更，申请者被要求补充大量申请材料的事例。有大批学生因无法补充材料而退出申请或因所提交的材料不充分而遭到拒签。在此，我们要引以为戒。

另外，要切记一点：学校录取和签证审批绝对是两个不同的过程。拿到学校录取通知抑或是申请到学校的奖学金并不完全意味着一定能够拿到签证，而签证的成功获取则是出国留学的前提。当发生留学突发事件时，如果我们尚在求学中或在职中，我们就能够做到游刃有余，从容返回学校继续完成学业或返回职场继续工作。即使申请者本人条件再好，亦要做好被拒签的心理准备。不然等到拒签，你的损失就只好由自己来承担了。

3. 语言学习，坚持持久

对于已经决定出国留学的学生，最好在出国前注意保持语言学习的持续性，不能因为自己目前的语言学习已达到国外学校的入学要求便在出国之前放弃学习。特别是一些选择非英语语系国家留学的学生，通常会申请国外的语言学校或预科。各国的语言学校一般对申请者都有一个最低的入学语言学习学时数的规定，学生一般会利用高考结束后暑期的一段时间经过强化达到学时要求。此时，有些学生和家长便极易产生一种错误的认识：反正出国还是要读语言的，等出去后再学也不迟，于是在出国之前 3 个月到半年的时间便无端地被浪费了。语言程度的高低是我们今后出国学习或打工是否顺利的关键，所以，在留学手续办理过程中，坚持语言学习十分重要。对于在校生或在职的留学申请者在完成强化达到申请国语言最低要求后，可考虑利用余暇时间譬如双休日去培训中心继续进修语言，直到出国之前的最后一刻。

4. 合理打工，生存体验

对于一些高考线下生，出国前边打工边办理留学申请是一个不错的选择。现在的学生多为独生子女，由于一直生活在父母身边，独立生活能力相对较弱，而打工可以让他们提前进入生存体验。通过打工，学会"做事"，可以培养自身的"生存"以及与人"共存"的能力。而如何"做事"、"生存"、"共存"，这三点恰恰是当前中国高中生普遍缺乏的能力。一般来说，有过国内生存体验的学生更容易适应国外的学习和生活。有些学生和家长可能认为：出国留学是专门学习的，根据家庭的经济情况，根本不需要打工，所以不需要在国内进行各类社会实践。正是这种片面的理解，使我们许多学生出国后形成了"教室——图书馆——寝室"的留学生活怪圈。再加之平时朋友圈子也多以中国人为主，完全失去了留学的真正价值所在，与在国内学校学习并无两样，唯一不同的便是授课语言的不同。我们唯有在真正接触当地社会后，才能在不同体验中更好地学习和理解异国的风俗及文化传统。所以，出国后在不影响学业的条件下，适当的打工是完全必要的。

5. 办理过程，亲身体验

留学申请手续的办理是个周期相对较长、操作较为复杂的过程。留学申请者从现在开始就应该有意识地尝试自己处理各类事情，自己来办理留学的各种手续是一个很好的尝试，尽可能不要让家长代劳。父母只能抚养你长大，不要期望他们是你永远的拐杖，可以支撑你的全部人生；而作为家长，你要知道儿女只是与你血肉相连的孩子，你亦只能陪孩子一程，要尊重孩子的人生选择，放手给他们以各种锻炼的机会。在培养孩子求知的同时，要有意识地培养他学会做事、生存和学会与人共存的能力。以往在留学中介咨询机构只是看到家长忙碌的身影，而始终不识留学申请者的"庐山真面目"的现象时有发生，这无疑不利于学生今后的健康发展。在此，建议在校或在职的留学申请者，可利用双休日的时间前去办理留学所需的各类手续。留学咨询中介机构作为服务性行业，为适应市场变化和学生与家长的需求，一般每周都是全程开放的，这无疑为我们办理留学手续提供了极大的便利。

扫码获取更多资源

出国，借你一盏"指路灯"

欲出国门，先过心理关

准备好最后一件行李，就要登上出国留学的路程，不妨在这时问问自己：我准备好了吗？我有没有忘带一件衣服，或是落下了治感冒的中药？还是……一份准备充分的心情？其实，有国外生活经历的人最能理解，出国前良好的心理准备比带上丰裕的经济储备要有用和重要得多。对国外生活了解的多少和精神上的准备程度，就像一只无形的手，始终影响着留学生活的质量和顺利与否。出国后将遇到哪些主要的困难？如何做好留学前的心理准备，怎样预防出国后的问题，这里将为你出谋划策。

学生之所以在出国以后遇到种种困难，而面临困难的时候又束手无策，很多情况下是因为出国前的心理准备不足。其实留学并没有想象中的那么美好。

现象一：带着抵触情绪出国。

这与学生的出国目的不明确有关。有的孩子还比较小，有些家长盲目地认为出国好，不考虑孩子的想法，就强迫孩子出国。这种情况经常发生在年纪较小的孩子身上，有的高中还没有读完，独立思考判断的能力比较弱，叛逆的思想又比较重，很容易带着抵触情绪到国外去。他们中的一些人没有明确的目标，如果自我控制能力再差一些，很可能就会走到歪路上去，最后荒废了学业。

克服办法：首先要改变家长的想法，不要强迫孩子做没有兴趣的事。要帮助他们了解留学这件事情，在其中找到一个孩子自己的兴趣点。比如，孩子很喜欢旅游，家长就可以告诉他，留学之后会有很多出去玩的机会，但是必须学会怎么旅游，掌握了其中的知识，才能够玩得好，才更有意思。这样，不但能够吸引孩子的兴趣，让孩子有一个积极的留学心态，还能把基本的生活常识告诉他。

现象二：思乡情绪与孤独感。

孤独感主要是由语言障碍和生活习惯的差异造成的。离开自己熟悉的地方，来到一个完全陌生的国家，最开始的半年时间是十分难过的。没有了自己成长的土壤，没有了原来游刃有余的圈子，运用语言不熟练让自己羞于启齿，生活中每迈出一步都让自己感到如此地艰难。

另外，国外的生活方式与中国有很大的差异。中国人爱热闹，总爱和朋友们凑在一起。但到了外国，每个人都有自己的生活内容，尤其是开始没有朋友的时候，就要学会自己打发时间。否则一旦闲下来无事可做，一个人触景生情，想一些失落和挫折的事情，就更容易感到孤独。

克服办法：这种情况每个人出国以后都会遇到，只不过是程度不同而已。建议在国内做一些准备，学会自己打发时间。培养一种爱好是十分必要的。出国以后，这种爱好会吸引你学习以外的注意力，使你陶醉其中，同时还能很好地调节心情。其实，全身心地投入学习之中也是冲淡思乡情绪和孤独感的一个好办法。

现象三：挫折感和心理压力难以承受。

对困难的估计和自信心不足的人更容易有这样的问题。出国留学没有困难是不可能的，区别就在于每个人面对挫折的承受能力和解决问题能力的大小。有的学生在出国前只知道留学之后能得到一个很好的前途和未来，但是他并不知道，这个美好的未来是需要代价的。刻苦地学习，背井离乡独立生活，半工半读的生活状态，这些都是要付出的努力。而有些学生出国前对这些情况估计不足，突然面对这种"四面楚歌"的生活，一下子应付不了。

刚到国外，学习跟不上，交流困难很正常，经过一段时间的调整都可以解决。另外一种情况就是一些学生本身心理素质不好，无端地把自己的困难夸大，越想越绝望，在极度的焦虑中走向精神崩溃或是半途而废。

克服办法：第一，要求学生将国外的情况了解得尽量清楚。理想与现实是有差距的，出国前把各种可能发生的情况都想一想，遇到的时候就不会手忙脚乱。第二，要在出国前学习自我激励的方法。在国外只身一人的时候，只能自己帮助自己。学会一种自我鼓励的方式，比如说，不断给自己定出难度适中、需要一定努力才能达到的目标，并且在达到目标后给自己一些奖励。这样在不断地努力和满足中，自己就已经克服了困难并且有了进步。第三，给自己找一个精神榜样也是很好的办法。这个榜样最好是一个生活化的例子，他离你很近，可能就是你的家人或者朋友，也有类似的留学经历。可以通过跟他交流，了解到一些经验，在自己遇到相同问题的时候，就会很快想到你的精神榜样是怎么解决的，把他当作你精神上的支撑点。第四，要找到一种有效的舒缓压力的方式，学会自己开导自己。这种方式可能是一种运动，可能是听一段疯狂的音乐，总之因人而异，只要有效就可以。

现象四：经济包袱沉重，急于打工。

有的学生有一种错误的想法，认为自己一到国外就得马上开始打工，否则就生活不了，于是把很大一部分的精力放在了挣钱上。这样做其实是错误的。刚到国外，一切都还不熟悉，花大量的时间打工肯定会耽误学习，影响适应国外学习方式的进度，得不偿失。

克服办法：凡是出国的学生，在第一年应该相信自己有足够的学费和生活费，没有一定的经济能力是不太可能被允许留学的。虽然开始感到生活的花费比较昂贵，经常会按"1：8"、"1：10"的思维花钱，但是一定要坚定自己的出国目的，学习是第一位，其他都是为了学习服务的。只要能生活，而且不至于太艰苦，就不要急于打工。另外，申请奖学金的方式也可以帮助你减轻经济负担。

在学会克服以上4种常见的心理问题以后，再给你讲两种心理的误区，希望准备出国的你，不要在独自生活的过程中误入不良心理的"陷阱"。

1. 美好想象型

这种情况一般发生在自信心强、比较自负的人身上。他们把留学想象成一种十分美好的经历，对于其中的困难并不了解，或者是知道了也不放在眼里。这样的学生平时就要多告诉他留学的困难，多举一些例子，端正他的观念，但最关键的还是要教他们一些解决问题的方法。

2. 极度自卑型

自信心差的人往往会有这样的表现：有的对自己的语言能力缺乏信心，

有的不相信自己的独立生活能力，有的对于国外的生活了解程度不够，产生恐惧心理。要解决这个问题，可以把自己心目中要达到的状态和水平与现在自己的水平对比一下，你就会发现自己并没有那么差。并且，有差距的地方经过比较也会清楚起来，这样就容易弥补不足，增强自己的信心。

出国后前半年的不适应期，是因为两个国家和地区的文化、历史、生活方式等种种差异造成的。留学前的心理准备就是做一些预防工作，以便将来遇到困难的时候，就可以自信地说："这个问题我有准备，我知道该怎么克服它。"其实了解是前提，心理准备最根本的是要尽量详细地了解那个国家。大到文化历史，小到图书馆怎么用，公共汽车怎么坐，了解得越清楚，准备得越充分，心里就越有底，出国后的生活也就更顺利。

要学会自立

独立生活能力低下，不适应异国文化环境，出现生存危机，小留学生们出国常会出现这些问题。因为他们几乎都是独生子女，其中有些人不愿意吃苦耐劳，不会做饭、洗衣，不会合理开支等，这都使得他们的留学生活异常艰难，甚至造成生存危机。此外，由于身处异国他乡，不同的价值观念、不同的文化习俗、陌生的法律法规等都使得初来乍到的留学生很不适应。不熟悉当地交通规则、没有环保意识、不遵守公共秩序等，也使得一些留学生经常受到邻居抗议、投诉而招致罚款或其他处罚。

面对在国外生活的种种情况，小留学生在留学之前一定要先提高自己的独立生活能力，学会自立，这样才能更好地适应国外的学习和生活。那么，准备出国的留学生要从哪几个方面来提高自己的自立能力呢？具体来说，应先从以下4个方面来着手。

1. 自学能力

国外的教育方式方法与国内不同。国内的老师扮演着领导者的角色，学生只需认真听课就可以考得优异的成绩。而国外的学校更重视让学生自己去学习，老师只是起着指导和帮助的作用。这要求学生要会学、肯学，能够分析出哪部分知识是重点，哪些内容是关键，从而掌握精华内容。

2. 自制能力

在海外留学最普遍的现象是一个班的学生来自不同的国家，因而具有非常不同的习惯。有些自制能力较差的学生会抵抗不住某些物质或精神的诱惑而误入歧途，难以自拔。所以学生要有能力分辨是非，在诱惑面前要能够坚持原则，不为所动。

3. 自我调节能力

人在一个陌生的环境里都会产生孤独感和恐惧感，同时这些孤独和不安的感觉令留学生身心疲惫。只有具备了较强的自我调节能力，留学生才能迅速对新的环境做出积极的反应，从而使自己适应环境，心情舒畅地投入学习。

4. 自立能力

尽管出国留学本身能促进学生增强动手和生活能力，但是如果留学生在国内就能进行一些相关的练习，那么当他们开始独立生活时就会发现，其实独立生活也并不像想象中的那么难。良好的生活环境和舒畅的心态将是顺利完成学业的精神保证。

除此之外，家长还应对自身的经济能力进行充分且全面的评估，保证自己的子女能在学校规定的时间内顺利毕业。同时，对一些可能发生的、加剧经济负担的情况，家长要提早做好充足的资金准备，以备不时之需。

提前作个留学规划

出国留学，不仅能开阔视野，也能给自己提供一个学习新事物、新理论的机会，但如果盲目出国，不考虑专业和留学对今后的职业生涯产生的影响，就是不可取的。

选择专业是留学生涯的开端，是决定一个人未来发展的风向标，应该与整个留学生涯甚至与职业规划联系起来考虑，而留学更使这种选择具有特殊性。选择专业应当结合个人的兴趣爱好、性格特点和原本已有的知识基础，从而保证你即使到了一个新的环境也能依靠原来一定的基础迅速投入到新的生活中去。出国前有一个周详的专业规划是很有必要的,这对于在国外求学之时就能明确掌握国内就业市场的变化与趋势,而回国之后能在最短时间内找到工作,并且对发挥所长有很大帮助。

其次便是挑选国家和地区。留学国家的选择应当综合该国、该地区的气候条件、语言环境、教学质量、专业优势、消费水平等内容。同时值得关注的还有,当地的学校是否为学生提供奖学金或勤工俭学的机会,若有的话将为家庭不算富裕的学生提供相当大的便利。

有了出国的打算,除了应该及早选择专业和地区外,长远的规划是必需的,起码要做 5 年以上的留学生涯规划,并且应该把兴趣与就业结合起来。因为现在的企业变动太大,若是一窝蜂只往热门行业里挤,一旦情况有所变动,就会造成时间与金钱的浪费。

成功的"海归"们往往得益于留学生涯和职业规划的紧密结合。在海外扬帆奋进、获得不断成功的王辉耀就是一个典型的例子。他的成功得益于把留学生涯与职业规划紧密地联系在了一起。

"人生的路很长,但紧要处只有几步。"王辉耀第一步关键的选择是赴加拿大读 MBA。他说:"我觉得要在有限的一生做比较有意义的事,就要给自己寻找一个比较好的发挥点。我学的是英美文学专业,毕业后被分到国家经贸部。当时是 20 世纪 80 年代,国家正处于改革开放一片生机勃勃的时期,我感到要参与,光有文学知识是不够的,而要走出去,参与到国际经贸活动中去。就这样,带着对国内职业的规划蓝图,我去了加拿大充电,读了MBA,这对我是一个很好的准备。"

对出国留学前的规划,王辉耀要说的是,如果你选择出国读管理类课程,一定要注意在国内积累相关经验,并且在寻找工作机会的时候,要尽量选择那些与经济或商务等领域有关的、能够写上履历的工作。否则可能你当时收入不错,但你的工作并不足以使你进行足够的能力锻炼,而且这份工作经历将来国外的商学院也不会看重的。王辉耀在外经贸部 3 年的工作经历,使他在国外的学习及工作实践中如鱼得水。

在留学期间,王辉耀有 3 个"不一样":第一,只用一年时间就拿下了MBA 学位,因为"一定要在一定阶段攻克一个目标,才有机会追踪下一个主攻方向";第二,没刷过一天盘子,因为"你总不能在简历上填成功地刷了几千只盘子,送了几千封信";第三,用了整整一年时间研究找工作,因为"找工作本身就是一个培训的过程,是你练习捕捉机会的过程"。这样,他假期在加拿大商业银行的工作经历、在日本生产精工表的公司给经理做培训的经历,都在他的简历里记上了漂亮的一笔,对他以后找工作有很大的帮助。

读完书以后,他顺利地进入蒙特利尔一家大型工程咨询公司,第一年做亚洲市场的经理,第二年成为亚洲市场的高级经理。

对于准备出国的同学,也许因为每个人所选专业的不同而有不同的规划方向,但是在留学与职业规划的时候,每个学生都应该先问一下自己:我是谁?我的兴趣是什么?我将来想干什么?当然,职业生涯规划要建立在专业的人才测评的基础上,单靠留学中介积累的案例分析肯定是不够的。所以,在深思熟虑之后,你不妨选择一个拥有成熟专业的职业测评体系的留学服务机构,为你的将来进行一个规划。

想想回国后的自己

据 2010 年度与 2009 年度出国留学数据的比较,出国留学人数有较大增长,留学回国人数表现出良好的增长态势。但在这样一个留学回国的浪潮中,目前的小留学生与当年通过考 G 或考托福出去的留学生有很大不同。由于小留学生出国前的能力、素质和出国后的学习经历截然不同,因而毕业回国后,他们的竞争力和工作能力与昔日的"海归"不能同日而语。现在的小留学生们多是高中毕业之后就出国的,这群人年纪比较轻,出国前的能力和素质相对比以前的"海归"人员都偏弱。而且这些小留学生大多是被动出国,家庭条件较好,海外的衣食住行费用全由父母提供,少有国外打工的经历。现在大多数国内企业在招聘时已不再特别关注是留学生还是非留学生,招聘过程中他们更看重的是应聘者的工作经验,而没有工作经验的留学生和一般大学应届毕业生,他们并没有太大的区别对待。小留学生与国内大学生相比,优势在日益弱化,出国留学的优势只有在他们脚踏实地地工作 5 ~ 10 年后才能显现出来。

也正由于以上原因，回国实习成为许多毕业后想回国就业的小留学生的选择。据悉，目前回国的小留学生的人数逐年攀升，这些小留学生的普遍感触是他们需要磨炼。一些专业人士说，实习确实能积累一些行业的工作经验，提升他们今后的竞争力。不过，若能到今后希望工作的企业中去实习，让单位的人了解他们的能力和潜力，那将对他们今后的求职起到事半功倍的效果。

那么，如果当你在国外求学准备回国时，由于长期在国外学习，难以准确、及时地接触到国内的实习招聘信息该怎么办呢？此时，保持信息渠道的畅通是小留学生回国实习急需解决的最大难题。为此，我们在这里提供了4条获取实习信息的途径，帮助小留学生们回国能够迅速联系到实习单位。

途径一：家人朋友介绍实习岗位。

据了解，家人朋友介绍实习单位是目前小留学生回国实习普遍采用的途径，也是最有效的途径。因为家人朋友介绍实习单位可以保证信息的可靠性，也可以减少或者缓解实习期间出现的某些矛盾，还可以免去当中一些纷繁复杂的实习手续。

途径二：通过E-MAIL直接联系公司人力资源部门。

由于小留学生长期在国外实习，不像国内学生能及时捕捉到各大公司招聘实习生的信息，造成信息渠道的不畅通。因此在不知道企业是否招聘实习生的情况下，用E-MAIL的形式发送实习请求也不失为一种好的途径。在发送E-MAIL后，千万不能坐等公司的反馈，而应该在几天之后，打电话到对方公司询问相关事宜。如此更能显示出你实习的诚意，也能变相提醒公司考虑你的实习请求。

途径三：网上查询，获取实习信息。

各大公司都会在自己的网站发布招聘实习生的信息；浏览各大国内院校的就业网站和BBS，在此可以获得更具针对性和及时性的招聘实习生的信息；浏览招聘网站，在各大招聘网站的校园频道也有招聘实习生的相关信息。网络信息量非常大，可以非常容易地找到各个公司近期甚至于远期的招聘实习生计划。不过，要提醒大家的是，网络上的信息鱼目混珠、参差不齐，这就要求你具备一双"火眼金睛"，能够谨慎地选择好。

途径四：在海外同学会、同乡会中认识更多的人，以增加信息来源的渠道。

尤其是同乡会，里面有很大一部分人已经工作了一段时间，虽然身处国外，但是在国内仍然具有一定的人际关系网。比如回国的同学、国内以前的同事等，都是小留学生潜在的获取实习机会的途径。同时，很多留学网站都有《海归通讯录》，这个通讯录的目的其实就是扩大留学生们的社交范围。通过同学会或者同乡会获得实习岗位，更容易和企业建立直接的联系，及时获得信息的反馈。而且由于介绍实习的人也处于该企业，可以使小留学生获得更多的实习机会，积累更丰富的实习经验。

一般来说，国外学校放假时间都比国内早，这个时候大部分的中国学生正在应对期末考试。所以留学生这时候"游"回来正当时，降低了不少竞争压力。当然，此前制作好的中英文简历、自述等都要有，可以先在网站上投送，到国内后再安排面试。在做好以上几项准备后，你要相信凭你的实力，一定会尽快找到称心的实习单位！这样就会为你之后的回国先打一个前阵，接下来你就可以尝试着在国内的实习过程中不断铺好自己回国的道路了。

及时铺好回国路

陈声贵，留美"海归"，他归国后来到秦岭深处，创建了一个特种猪繁育中心，当起了"猪倌"。此后不久，媒体"捅出"消息，顿时舆论哗然："海归"当"猪倌"到底值不值？后来，留美"海归"孙小燕通过选举，当上了珠海市海湾区居委会委员。随之，媒体争相报道，引发激烈争论："海归"当"居委会大妈"是否人才浪费？与她的"低就"形成鲜明对比的是，不少"海归"找不到工作变成"海待"。一个当"猪倌"，一个做"居委会大妈"，两个不同的案例，却有着共同的特点：主角都是"海归"。尽管陈声贵当"猪倌"、孙小燕做"居委会大妈"的举动也许并不适于太多的"海归"去效仿，也并无太大的示范意义，但他们的"独树一帜"，对于当代"海归"就业或创业来说，却具有一定的启示意义。

最近几年，"海归"走俏，"海归"们大可不必考虑自己未来的回国前途问题。可如今职场竞争如此激烈，"海归"们要想方设法展示自己的特长，才能谋得一个好工作。但是，很多"海归"由于在国外学习和工作时间较长，回国后缺乏求职的技巧，这对他们择业十分不利，而自主创业他们又缺乏必要的经验和人脉积累。

此时，准备出国的你，有没有想到将来要为自己铺设一条怎样的回国道路呢？

现在"海归"的共同优势是在国外受过高等教育，专业性较强。而他们的共同劣势有两个：一是缺乏工作经验，主要是在国内的工作经验比较少；二是脱离国内环境的时间比较长。如果你打算回国找工作的话，不妨先做好以下几项准备。

1. 准确定位

在准备回国前，一定要多做研究，通过网络或朋友了解国内情况，随时把握市场的动向和脉搏，搞清楚国内市场上需要哪方面的人才，雇主需要什么样的能力，自己能为他们带来什么样的价值，等等。现在国内的雇主越来越挑剔，非常看重相关的工作经验和技能，所以"海归"一定要给自己定好位，寻找适合自己的工作。

2. 突出职业目标

人事经理看"海归"简历时首先会关注其职业目标，看应聘者对自己和市场是否有一个清晰的了解，是否能把自己摆在一个恰当的位置上。此外，简历中的关键词也很重要。简历中出现与职位需求相关的字句，人事经理才会有兴趣继续花时间看你的工作业绩、工作经历和教育背景等。有些"海归"或是不清楚自己的职业目标，或是不想把自己的目标范围限定太死，在简历上要么不填职业目标，要么罗列四五个有意向的职位，任雇主挑选，让人事经理觉得求职者仅是想试试运气。

3. 自信很重要

回国找工作不能一味谦虚，应多表现出一份自信。可以用这样的话描述自己：我深信我的背景、经验和技能都将大大有助于公司的进一步发展。

4. 成为复合型人才

加入世贸后，中国在国际经济舞台上扮演着越来越重要的角色。外资企业已经从传统的制造业渗透到高科技、无线通信、医药、汽车、金融、保险、银行、教育等各个领域。因此国内需要大量懂技术、管理及英语突出的复合型人才，"海归"应在这些方面着力打造自身的综合竞争力。

5. 关注行业动态

"海归"应多留心经济信息，看跨国公司在中国投资或新成立分支公司的情况。要多关心新兴的或者正处于上升阶段的公司，而不是那些非常知名、在管理方面已比较成熟、定型的公司。例如摩托罗拉在中国已发展了 20 年，无论是管理还是技术方面都已相当成熟，尽管它也在不断投资开发新产品、新市场，也仍有机会，但相对来说，机会就不是很多。此外，"海归"找工作还要看自己的专长。对于搞市场销售的人来说，除非对国内的市场有很深的理解，有销售渠道，否则与本土人才竞争的优势并不是很大。

决定前的准备：国外留学指南

出国之前，学生们应该先了解清楚出国的途径、现状等，在心理、学习、物品方面做好充分的准备，只有这样，出国后才能胸有成竹，处变不惊。

1. 高中毕业生出国留学有哪些途径？

（1）优秀的高中毕业生直读海外大学一年级。按照规定，应届高中生如果高考成绩达到总分的 65%，就有机会参加国外大学的入学考试。但该途径对学生的语言能力要求非常高，可供选择的学校也非常少。

（2）国外大学本科教育。直接到国外去读书，有助于学生语言能力的提高。但到国外院校读本科，要求学生具有很强的自觉学习能力。

（3）拿到外职教育文凭。不少国家职业教育比较发达，学生只要取得职业教育文凭，就表明学生具有从事某项工作的技能，留在当地工作的机会更多一些。比如澳大利亚的冲浪专业和养马专业均属于职业教育，目前国内也有学生申请这些专业。

（4）上著名大学预科课程。供选择的学校面很宽，但经济担保数额比较高，国内的家庭很难承担，而且语言水平要求比较高。

（5）上国内的大学的预备课程。这种途径的最大优势在于，学生可以在国内接受专业的语言训练，为进入国外大学打好基础。这一途径比较节省时间，费用上相对国外来说比较划算，大大节省了费用支出，而且可选择的课程比较多。

2. 高中生准备出国留学，是考托福还是雅思？

托福由美国教育考试服务处主办，雅思由英国和澳大利亚共同举办。就费用而言，托福和雅思相差无几。考生最好根据自己的留学倾向，选择其中一种。报考雅思所需申报的程序较为复杂，且一般出国后会要求再读一年预科。如果英语成绩不错，选择托福则可能申请到较多提供奖学金的美国高校，所以对大多数国内考生来说，留学美国还是要将考托福作为首选。

3. 工薪阶层家庭怎样选择自费留学？

留学已经日益成为家长钱财物力的大比拼，只有很少一部分学生是凭借自己出色的外语和综合实力取得国外奖学金留学的。针对越来越多的工薪家庭子女选择自费出国留学的现状，这里特别介绍一些"曲线"留学方式，以供参考。

（1）英美名校的海外分校。目前，不少英、美、澳大利亚的名校在世界各地都开办了分校。有教育专家分析，中外联合办学，国外名校在各发展中国家开分校将是未来国际教育发展的一个大趋势。

例如，英国诺丁汉大学在马来西亚开有分校。据悉，该分校是马来西亚成立最早的一所分校，实际上也是全世界第一所分校，教师都由英国诺丁汉大学直接派遣。分校学生除了学费低廉外，在读第二学年的课程时，学生可以自由选择到诺丁汉大学本部进行一个学期或一年的学习，学生只需要支付在马来西亚分校学习同等的学费。另外，澳大利亚著名的莫那什大学在马来西亚也有分校，设有工商、计算机、工程、传播等多种学科的学士学位。

目前此类分校学费一般是每年8万～23万人民币，比在原校读书便宜了许多，拿到的证书和原校是完全一样的，对资金有限的工薪阶层有很大吸引力。

不过值得注意的是，要就读此类分校，一定要先审查其办学资质。

（2）法、德公立大学。德国有 300 多所免费的公立大学、30 多所私立收费大学。入学条件合格的外国学生无须参加任何入学专业考试，可选择适合自己的院校就学。

（3）新加坡。新加坡 5 所理工学院为理工类学生提供高额助学金，另外新加坡的 SQC 私立院校很多可以直升英国、澳大利亚、美国等国大学继续深造。

（4）日本、韩国。日本高质量的教育和先进的教学设施被世界公认。其专业设置超前、实用且国际化，教育体制完善，拥有多所世界一流大学。韩国也是位居亚洲前列的经济强国，一般私立大学质量高、信誉好。

（5）俄罗斯。俄罗斯签证速度快，获签概率高；艺术、医学、工程、建筑专业世界闻名；环境优美，文化底蕴浓厚。

第 **2** 个决定
规划大学，我该从哪里起步

挪亚并不是在已经下大雨的时候才开始建造方舟的，而是未雨绸缪。大学生们更应该这样，要知道大学的时光易逝，必须学会提早规划，才能在有限的时间内学到更多的知识，增长更多的才干。

扫码获取
更多资源

选专业，找位置

多角度看专业

"高考志愿上一句'服从分配'的话让我落到今天这进退两难的境地……"辛辛苦苦读了十几年的书，考上大学却没有被自己喜欢的专业录取，这对许多同学来说，无疑是很苦恼的事。一些同学因对所学的专业提不起兴趣，不认真学习，考试经常不及格，有的甚至被迫降级、退学。中国人民大学统计学系曾对北京 18 所大学的毕业生发放 1000 份问卷，在收回的 960 份问卷中有 54% 的同学对自己所学的专业不满意。

如果这正是你的状况，你准备怎么办？

选择一：各门功课及格就行，选一个热门专业辅修或自学，考几个资格证书。

选择二：在学好专业课的同时，发掘自己的兴趣，并为此做积累，争取在考研或就业时进行改变。

在第一个选择中，你可能学到了一些知识，但却没有收获知识体系和支撑起知识体系的思维方式。当然，凭这些知识和个人的素质，你还是能够找到工作，而且，这总要比逃课不及格以至于拿不到学位证书好。

在第二个选择中，你可能在不同程度上收获了某种知识体系以及背后的思维方式，它们将有助于你尽快领会其他专业，因为，"他山之石，可以攻玉"。

你所学的专业可能有几门课程与你的兴趣爱好相冲突，但是你也要明白现代社会的教育理念是培养全面发展的人才。即使你不喜欢这个专业，也可以努力从该领域的众多课程中选出几门相对感兴趣的课程来学习。因为在大学里你所要学的不仅仅是知识本身，而且还包括你的智力技巧和思维习惯的培养。

哈佛大学的核心课程设置理念基于这样的信仰：让每一位哈佛大学的毕业生不仅受到专业的学术训练，而且受到广泛的通识教育。学生需要指导以达到目标，学院有责任和义务把他们朝着标志一个人受过良好的知识熏陶、技能技巧和思维习惯训练等教育的方向引导。

哈佛大学的核心课程与其他一般教育的教学计划不同，它不限定学生达到像精通名著课程那样的知识广博程度，或消化一定的信息量，或总揽某一特定学科领域的前沿知识，而是将本科教育中所必不可少的学科领域内的主要知识方法介绍给学生。它的目的在于向学生展示知识的各种门类和在这些领域内探索的形式，能够获得不同的分析方法，这些方法是如何运用的以及它们的价值所在。

英国学者罗素是逻辑实证主义哲学大师，他18岁进入剑桥大学学习数学，23岁转向对经济学的研究。曾获得诺贝尔经济学奖的美国学者西蒙是计算机专家和心理学家。我国现在的国家领导人中，大多学的是理工科，但他们现在从事的职业是政治、行政和社会、经济等方面的管理。由此可见，大学专业与个人一生的成就领域并不一定是重合的。

现代社会是一个知识型社会，终身学习已经成为基本的社会理念，大学教育只是其中的一个环节。这个环节的重要性不在于你是否选择了自己喜欢的专业或是当下热门的专业，而在于你是否在这最珍贵的时间里形成了一种知识体系和思维方式，使你能够透过繁杂或无趣的表象领略各门学科的精华。

正如宋代学者朱熹所言："天下一理。"即使你以后不准备从事这个领域，学科思维方式之间的相通性也可以带给你有别于他人而更富新意的视角。你以后还会有更多的学习机会，你能够越早掌握一种好的思维方式，就越容易掌握新的知识。

选好课程，搭建舞台

选好你的专业之后，接下来要面对的就是大学课程地选择了。它是你获取什么样的知识的最终决定因素。

大多数新生一开始都决定好好学习，但真正进入大学教室听课后，感觉是多种多样的。有的同学认为老师讲得太快，思路跟不上；有的同学则感到轻松愉快、时间宽裕；有的同学对喜欢的课极其认真，而对不喜欢的课则敷衍对付甚至逃课；有的同学对老师念教案、学生记笔记的教学方式不满意；有的同学则很喜欢讨论式的课堂；有的同学认为在大学阶段听老师讲是次要的，而自学才是重要的；有的同学则认为上课还是应该听讲，不管老师讲得好还是坏，只要有那么点"金子"就够了……

其实，在你听课之前就应该十分慎重地选择一下你所要听的课程，那样的话你就不会有以上诸多感觉了。每一个大学生在听课之前都应根据自己的需要选课，以建立自己合理的知识结构，同时还可以使你抓住听课的主动权。选课是一门学问，它建立在个人对自身的了解、对知识结构的了解、对未来的期望之上，反映了一个人分析问题的能力。如果作为新生的你对选课的情况不很了解，可以向有经验的老师、同学咨询，试着选一些自己感兴趣的课听听。这样有利于扩展知识面，还有利于打破专业思维的局限，有利于建构更合理的知识结构。

要想选好适合自己的课程，你在选课的过程中应注意以下 3 点：

(1) 确保选修课与专业课的上课时间不冲突。一旦选修课与专业课的上课时间发生矛盾，你就应毫不犹豫地选择专业课而放弃选修课。如果你确实对这门选修课很感兴趣，那你可以等下一学期或下一学年再去选修。无论如何，为了上选修课而荒废专业课是得不偿失的。

(2) 在选择选修课的时候，要考虑一下你选择的课程是否有助于你朝着自己的事业和个人目标发展，是否有助于你实现自己的长期和短期目标，是否有助于把你培养成一个德才兼备的人。

(3) 你应该把选修课合理地安排一下，不必为了积满学分而在入校的头两年拼命选修通选课，给自己造成太多的负担。其实你只要每学期修 1～2 门通选课，就可以在毕业时顺利完成学校规定的学分，既不至于把自己搞得太累，又可以使自己在一个相对充裕的时间内对一门课程有更多更深的领会。

在选好课程之后，身处其中的你还应该学会听课。因为大学不同于高中，老师只能起到"引路人"的作用，正所谓"师傅领进门，修行在个人"。

首先，你要提高自学能力。既然学习不能完全依赖老师，提高自学能力就尤为重要。这种自学能力包括能独立确定学习目标、能对教师所讲的内容提出质疑、查询有关文献、确定自修内容、将自修内容表达出来与别人探讨、写学习心得或学术论文等。而要提高学习能力就应养成独立思考、勤于思考的习惯，学会运用图书馆、网络资源等，扩大自己的视野，提高自己分析问题、解决问题的能力。

其次，你要调整好听课的心态。在大学的课堂上，总想着依靠老师讲解重点，讲清楚每一个问题，这几乎是不可能的。一方面是因为内容太多，不可能面面俱到；另一方面是你所学的知识多是带有研究性质的，不可能讲透彻。

最后，你要学会主动积极地听课，提高自己听课时的注意力。在大学学习的过程中，当你不了解相关的背景知识时，你就不知道什么是重要的或什么是不重要的。而当你对老师所讲的课程不太了解时，你就会觉得它没意思或与你不相干，这样你的听课质量就会降低。因此，你要做好充分的课前准备，主动积极地去听课。

当你在课堂上开始不注意听课时，建议你按照下面的方法去做：

（1）很快地写出会让你分心的事情。把它们记下来，告诉自己下课后再去做。

（2）改变你的生理状态。坐正、深呼吸几次、感觉自己充满活力，并注意姿势。

（3）在心中思考老师所说的话。思考你认为可以探索的问题或想弄懂的症结。

选好课程，学会听课，你将找到一个适宜你发挥的舞台，你的大学生活将更加多彩。

给自己恰当地定位

学习是一件有方向、有目的的事情，如果你在投入学习之前对自己做一个客观的评价，进而给自己找到一个合适的定位，那么你的学习目的就会更加明确，学习起来也会更加有效率。

有一个遭遇人生失利的青年人，经常在商场门口摆地摊卖打折廉价的衣服。一名商人路过，没有砍价便按衣服上的标价买了一件衣服，匆匆而去。过了一会儿商人回来又拿了几件衣服，说："上次我应该砍价的，因为你我毕竟都是商人。"几年后，这位商人参加一次高级宴会，遇见了一位衣冠楚楚的绅士向他敬酒致谢，这位绅士说："我就是当初卖打折服装的那个青年。"青年人生活的改变得益于商人的那句话：你我都是商人。

这个故事告诉我们：一个人把自己定位于地摊小贩，他就是地摊小贩；定位于商人，他就是商人。定位概念最初由美国营销专家里斯和屈特于 1969 年提出，即商品和品牌要在潜在的消费者心中占有位置，企业经营才会成功。随后定位的外延逐渐扩大，大至国家、企业，小至个人、项目等，均存在定位的问题。

现在的大学生，有没有自问过自己的定位是怎样的呢？也许有很多人会毫不在意地说，是学生。的确，你现在的身份是学生，但是四年之后，除了有些人会选择继续深造外，更多的人还是会步入社会去谋取一份工作。此时的定位将会影响到你将来选择从事什么样的工作，因此，在选择好你的专业后，就不要再把自己的定位眼光放在"学生"这个层次上了。

进入大学并不是你奋斗的终止，而仅仅是你奋斗的一个开始，以后的竞争还要更加激烈、更加残酷。因为你的周围都是跟你的实际能力相差无几甚至比你更优秀的人，你只有客观地认清自己，恰当地定位自己，才能保证在竞争中获得成功。同时，定位的起点如何，将决定你今后的道路是否长远。

3 个孩子在搭积木。

老师过来问："你们在干什么？"

第一个孩子撇着嘴说："没看见吗？我们在搭积木。"

第二个孩子抬头笑了笑，说："我们在搭一座立交桥。"

第三个孩子边干边哼着歌，他的笑容很灿烂："我们正在建设一座城市。"

10 年后，第一个孩子成了建筑工人。

第二个孩子坐在办公室里画图纸，他成了工程师。

第三个孩子呢，是前两个人的老板。

三个同样起点的人对相同问题的不同回答，显示了他们不同的人生定位：10

年后成为建筑工人的那个孩子胸无大志，当上工程师的那个孩子理想比较现实，而成为老板的那个孩子却志存高远。最终，他们的人生定位决定了他们的命运：想得最远的走得也最远，没有想法的只能在原地踏步。

亲爱的大学生朋友，如果你不想在毕业时回顾自己大学所走过的道路仅仅是在原地踏步的话，那么从入学第一天起就给自己一个合理的定位吧！成功的道路有很多条，但适合自己的却只有一条，认真选择好，坚定不移地走下去，你才能收获美好的未来。

尽快适应新环境

用新的镜子审视自己

近年来出现了许多大学生入学后，不能很快适应大学生活的事例。抱着电话哭的女生大有人在，男生碍于面子有泪不能轻弹，可闹着退学的事例也发生过。由于独生子女迅速增多，加之中国家庭教育大多是娇生惯养，所以出现以上情况也是可想而知的。

十八九岁的确是大人了，可是在中国目前特定的家庭结构和教育方式下，大多数学生的心理依然脆弱，依赖倾向严重。心理学家称这个年龄的人处于心理断乳期。很多同学由于不能一下子转变角色、适应大学生活，从而导致心理焦虑。

有这样一个小故事：有一个靠近海边的国家，土地富饶并且气候宜人，每年都会有大量的珍禽到这里栖息。传说，有一年这里飞来一只奇异的鹤，高贵的冠，丰满的羽翼，修长的脖子，全身雪白，飞起来像一位仙女在空中飘舞。老百姓从来没见过这种鹤，于是扶老携幼前去观看。大家都希望能够领略鹤的风姿，同时企盼它能够给这个国家和人民带来福音。消息不胫而走，后来竟然传进宫内，国王以为是神鸟下凡，是天外贵宾降临自己的国家，于是特别设宴庆典，命令士兵尽快将神鸟请进宫中，供养在庙堂上。这样既可以每日观看，同时还可以为国家祈求平安。鹤很快被带进皇宫，国王为了表示尊崇，让宫廷乐队为它演奏庄严肃穆的宫廷乐曲，让御膳房为它摆下最丰盛的酒席。鹤被这种场面吓得头晕目眩，惊慌失措。它终日不吃不喝，三天以后就死掉了。

其实，这只是一只长相奇特一点的鹤，而国王和百姓都把它当成神鸟款待。这只鹤由于无法适应这突如其来的异样场面，开始变得消沉，最后因不进食而饿死。想想我们现实中的大学生，不也如同这只鹤一样，一旦变换了一个环境，就不吃不喝、抑郁消沉下去了吗？因此，在开始大学生活之前，你需要先认真分析一下自己的生存状况，从小事做起，逐渐适应这个独立生活的环境。

有一个年轻人家境十分贫寒，从小就帮助父母务农，没有接受过多少正规教育。当他看清自己的生存现状，突然意识到自己不能再留在乡下了，于是决定到城里去找一位亲戚。来到城里，他分析了一下自己的情况：自己受教育程度不高，而且无一技之长，所以要想在人才济济、竞争激烈的城市里寻觅一份工作并闯出一番事业，是很困难的。亲戚对他说："这是一个知识改变命运的时代。所以，我觉得你首先要做的就是学习知识，这将是你改变逆境的最佳方式与途径。"后来，亲戚介绍他去柴油机厂做工。

这个青年边工作边学习，短短一年，就成了一个技术娴熟的生产线工人。在这里他的收入不错，但他却不安于现状，很快便熟悉了整个行业的经营模式。等到他有了一定的积蓄以后，就开始自己单独创业。到如今，他已经成了一个比较富有的老板。

强者不能够改变弱者，除非弱者情愿被改变。所以，不甘成为弱者的你必须通过自己的努力来变得强大，因为只有你才能改变自己的一切。大学的新环境或许会让你感觉到这样或那样的不适应，你可以选择改变它，但绝不能先对自己说放弃。故事中的年轻人不满足自己的生存状况，并且也不肯向自己的命运屈服，他冷静地分析了自己的生存状况后，毅然通过自己的努力改变了这个让他不满的现状，并获得了自己人生和事业上的成功。

上了大学，我们应该用新的镜子审视自己，在新的环境中把握自己。及时看清自己的生存状况，可以让你的大学学习和生活有条不紊地进行，而不至于整日为不断变换的新环境而郁郁寡欢，感到无所适从。

要真正适应自己的新生活，实际上，你在很多方面都需要改进，并不断完善。你要有开放的头脑，这样你通过透镜看周围的话，可以发现许多不同的生活方式。而这些不同的生活方式，可以使你自身得到完善。只有及时看清自己的生存状况，有目的地适应和改变自己的生活，这样才能做到有的放矢，使你的大学生活取得预期的效果。

崭新生活，合理安排

大学的生活不同于高中，高中时期学生的目标只有一个，那就是学习。而进入大学后，生活中的目标多元化，要想把自己的大学生活安排得更加合理，首先应明确大学生活的几个目标。

1. 认真对待学习

某大学对大四学生进行问卷调查，让他们对自己的大学生活做一个评价。结果发现这样一个现象：尽管毕业之前多数学生对自己四年的大学生活的评价是喜忧参半、有得有失，但许多同学对大学生活的遗憾，都表现在对自己学习上的松懈与不满上。有些是因懒惰而疏于学习，有些是在大学期间把精力过多地投入到其他社会活动中而没重视学习。不管是由于何种原因，大学生还是应以学习为重，放弃或懈怠了学习，即使其他方面搞得再好，也不能在大学生活的天平上增加分量。

21 世纪是知识经济的时代，知识可以改变命运，知识就是力量。今天多学一点知识，明天就多一份自信和自如。尽管大学的学习已经不像高中时有要考取大学的硬性要求，但大学生们还是应严格要求自己，力所能及地保持最好的成绩。时光易逝，四年的时光很快就会过去，亲爱的同学，希望当你在毕业前回首往事之时，不要留下任何学习上的遗憾。

2. 让自己成为全面发展的人才

清华大学为了全面提高学生的素质，千方百计地为学生创造条件，把学生从单纯学习的重压下解放出来，规定每周课时不得超过 24 节。校长王大中曾说："教育的关键是要通过教育创新和知识创新培养学生的创造性能力。

每个学生都有自己的个性爱好，在人才培养的观念上必须重视个性发展。"

迫于高考的压力，在高中阶段同学们除了学习，几乎放弃了其他一切活动，影响了自身素质的全面发展和提高。大学是知识的殿堂，有良好的文化氛围，大学生们应利用这宝贵的环境陶冶自己。大学时期又是人生最美好的时期，由于没有受太多社会的影响，生活和工作的压力几乎不存在，加之这时自己又年轻，因此易于接受新事物，思想也比较活跃。大学生们应抓紧这一人生最有利的时期锻炼自己。

3. 做人比做事更重要

一位北京大学的优秀毕业生曾说："大学里除了学知识外，最重要的就是学做人。工作以后在人际交往中我们不可能时时都在想，我该怎样和他交往、交谈，这样太做作了。人际交往的能力是逐渐积累、厚积薄发的。大学里同学、师生之间的关系都比较单纯，同学矛盾、师生矛盾，其实都是些很简单的矛盾。趁这些矛盾还不激烈的时候，锻炼自己处理人际关系的能力，非常重要。每次和别人发生矛盾后，我们都要冷静地想一下这件事到底谁对谁错？矛盾如何避免？思考、再思考，这是社会对我们提出的要求。"

在明确了以上 3 个大学生活目标后，你就要开始学着安排一下自己的生活了。其实广义的大学生活并不像我们想象的那样仅仅只是如何整理床铺、如何照顾好自己这么简单，它还包括如何养成一种良好的生活习惯、如何把自己的情绪调节好和如何处理好人际关系等。具体来讲，有如下 4 个方面。

1. 打理好你的日常生活

要准时起床、运动，及时整理好自己的床铺，收拾好房间，经常换洗自己的衣物等。并且要不断向自理能力强的同学积极请教，因为同学间的互相影响和互相学习能够在一定程度上促进生活自理能力的提高。同时，你也可以打电话向父母请教。但最关键的是自己要行动起来，很多能力都是在实践的过程中得到提高的。

2. 养成良好的生活习惯

大学生正处于长身体、长知识的阶段，良好的生活习惯是确保顺利、成功地度过大学阶段的重要基础。为了达到身心健康这一目的，从一进大学起，你就该切实重视这个问题，培养良好的生活习惯，防止不良生活习惯的形成。

具体做法有：合理安排作息时间，养成早睡早起的习惯；进行适当的体育锻炼和文娱活动；保证合理的营养供应，养成良好、科学的饮食习惯；改正或杜绝吸烟、酗酒以及沉溺于电脑游戏和网络等不良的生活习惯。

3. 适当调节自己的情绪

情感和情绪不仅影响人的认知活动，而且对人的意志、行为和个性心理等起着积极或消极的作用。它们不仅影响人的健康，还影响着人的学习、工作和人际关系，甚至决定个人的成功和发展。面临环境和角色的改变时，每个人难免会产生不良情绪，若不及时疏导、控制和调整，轻者会陷入情绪低落或冷漠之中，重者则会产生恐惧、焦虑、烦躁等情感障碍，影响个人的适应和发展。大学新生应当学会调适自我，使自己有一个积极、乐观、稳定的情绪。

4. 建立良好的人际关系

人对环境的适应，主要是对人际关系的适应。有了良好的人际关系，人才有归属感和安全感，心情才能愉快。每个人的长处、短处各不相同，本着"求大同存小异"的原则，学习别人的优点，包容别人的缺点，你就会得到更多的朋友。无论什么时候，那些不过分计较自己的得失、多为别人着想的人，总会受到大家的尊重。俗话说，会生活的人才会工作。当你学会如何安排好自己的大学生活，并已通过自己的努力把生活安排得充实而舒适，开始全身心地投入到学习中去时，相信你的学习也已经成功一半了。

脱了线的风筝飞得不会高，同样，没有用心规划的大学生活也不会很精彩。合理做好大学生活的安排，特别是做好时间的合理分配，在学习、专业、人际关系、情感、健康、休闲、自我成长、社会工作和兼职等方面有一个具体而又科学的分配，有所为有所不为，这样你才会清楚地了解自己的短处和长处所在，从而以一个更加良好的精神面貌去度过大学生活的每一天。

大学四年光阴荏苒，我们不能让它给我们留下的除了记忆就是遗憾。那么，拿出一点时间来做我们大学生活的远景展望吧，让我们在苦心经营和不断努力下，给大学生活画上一个完美的句号。

学习新方法，乐在学习中

我们从小就被灌输"学习是学生的天职"的思想，但是，当你放开老师的手，走进自立的大学学堂，你知道该如何开始大学的学习吗？

进入大学之时你就该明白，大学是学习思想和方法的地方。身为大学生你要自觉地适应大学的学习方式，在课堂上要与老师交流，学习如何掌握知识，在课下就要直接应用这些学到的方法自学。你不能跟在老师的身后亦步亦趋，而应当主动走在老师的前面。比如，大学老师在一个课时里所讲的内容通常要涵盖课本中几十页的信息，甚至还要列出相关的参考文献。因此仅仅通过课堂听讲是无法把所有知识弄通、学透的，这就要求我们学会独立学习。课下抓紧时间去图书馆复习、阅读相关文献是独立学习所必需的。最好的学习方法是在老师讲课之前就把相关问题琢磨清楚，至少要明确自己掌握了什么、有什么不理解的，然后在课堂上对照老师的讲解弥补自己在理解和认识上的不足之处。

中学生在学习知识时更多的是追求"记住"知识，而大学生就应当要求自己"理解"知识并善于提出问题。对每一个知识点都应当多问几个"为什么"，持自己的观点思考。一旦真正理解了理论或方法的来龙去脉，就能举一反三地学习其他知识，解决其他问题，甚至达到无师自通的境界。要想达到这种境界，就必须多方面、多渠道地培养自己获取知识、不断学习的能力。诸如：熟练地使用多种工具书的能力；阅读学术书籍和科技刊物的能力；查找文献资料的能力；检索数据库的能力；在因特网上查阅信息的能力等。

那么，提高自己独立学习能力的途径有哪些呢？

1. 掌握扎实的基础知识

素质教育不是应试教育，这并不是说，素质教育是对基础知识的排斥和抵制；相反，不练好一定的基本功，就难有"功夫"的长进，就达不到学习能力提高的预期目标。

2. 利用好老师这个"拐杖"

对待老师这个"拐杖"的正确态度是，开始要利用它，又要尽快适时地丢掉它。我们向老师学习，目的是为了超越他，为了争取个人学习的主动权，为了"青出于蓝而胜于蓝"。在接受教育的过程中，我们必须在心理上摆脱对老师的长期依赖性，把自学精神、自主意识贯穿到学习过程中去，保持学习的主动性，尽可能尝试着将学习进程安排在老师讲解和传授之前。

3. 在思考和总结中获得提高

要巩固学习的成果，就要总结学习所得，尤其是要了解某些学习方法是否对自己最有效，并且要多动笔，及时修正自己的学习方法；记录自己的思维火花与灵感，感受进步的喜悦，从而训练和提高自己的分析能力、应用能力和思维能力，并进一步激发自己的学习热情。

4. 在实际应用中提高

别人能做的，你也能做。脑袋绝不仅仅是统计数据和堆砌知识的仓库，它还可以用于思维和创新，用于贮存"怎么做"的方法论。在知识经济时代，对于我们来说更重要的是知识的应用，我们要大胆地尝试独立构思，独立应用工具书，独立收集资料，甚至独立设计、独立制作。经过一段时间的锻炼，你在学习上就能轻车熟路，游刃有余。

5. 凭借学习的基本技能

现在的学习绝不仅是过去的"听听写写"，绝不仅仅是翻翻书本，看看报纸，听听老师的讲授。信息技术的发展、网络化进程的加快，为学习开辟了广泛的天地，同时也对学习的技能提出了更高、更现代的要求。比如不懂电脑的应用，就谈不上到互联网上查阅信息、获取新知识，更谈不上去网上大学随心所欲地接受教育，进行远程学习。

在21世纪，"知识"的概念已经发生了深刻的变革。知识不仅仅是知道某个知识点和规律，更是变得非常具体和丰富的，因此，在你准备独立学习之前，还应该明确以下要求：

(1) 知道如何做(know-how)——完成任务的方法；

(2) 知道找谁(know-who)——清楚从哪里获取资源；

(3) 知道干什么(know-what)——能够组织和从事具体的各项工作；

(4) 知道为什么(know-why)——能够了解事物发生的原因和背景；

(5) 知道在何处(know-where)——知道和预见事情的发生和进展；

(6) 知道在什么时候(know—when)——选择时机和务实的态度。

尽管独立学习有许多优点，但你也并不能单纯地认为仅靠个人的努力就可以取得成绩，独立学习的过程中你还是会遇到许多问题的。你要注意：独立学习固然是大学最重要的学习，但不要过分强调，更不要忽视课堂的学习，因为在课堂上与老师的交流是提升能力的最好途径；同时独立学习也不是封闭的，你要注重与同学、朋友进行交流，不同专业背景的人、不同年级的同学互相交流能让自己的视野更开阔，而且，这样的交流对大家自学都有好处。另外你的独立学习要有计划、有目的，制订合理的学习计划才能让自己收获更多。独立学习最大的敌人是不能持之以恒，因为是自学，目标需要自己制定，计划需要自己监督执行，很容易让人动摇，因此在学习时，我们要克服畏难心理和无所谓心态。独立学习很容易出现方向偏差，诸如学习方法不对、思路有偏差等。在与师长交流后，要适时地调整自己的方法与思路，不要安于习惯。任何方法都会有它的弊端，不过只要你做好充分的心理准备，并有计划地安排，相信你一定会尽早适应大学的学习生活，在整个学习过程中受益匪浅的。

调整心态，让一切从"心"开始

大学生活就要开始了，你准备以怎样的心情去面对每一天的生活呢？

场景一：每天清晨，当你看到第一缕阳光的时候，你对自己说——生活多么美好。你一整天都热情洋溢，精神饱满，你是比赛场上的健将，也是大学校园里的开心果。

场景二：每天清晨，当你看到第一缕阳光的时候，你对自己说——又一天开始了，真无聊。你感觉上学的脚步很沉重，同学们的笑声很刺耳。

两种不同的心理暗示出现了截然相反的结果，原因在哪里？心态决定一切。我们每天都要面对生活，生活得快乐与否、充实与否完全取决于你的心态。当你感觉这个世界是多么不公平，别人比你聪明、美丽、富有时，你就会产生消极心理。同样是面对生活，为什么不尽量让生活更积极、更有朝气呢？当你积极地面对生活的时候，困难也不能让你畏惧，你还会把它当作自己的快乐来源。

有一个人从一棵椰子树下经过，一只猩猩从上面丢下来一个椰子，正好打中了他的头。这人摸了摸肿起来的头，然后把椰子捡起来，喝椰汁，吃果肉，最后还用椰子的外壳做了一个碗。

看过这个小故事的人多数会哈哈大笑。有的人笑是因为故事中的那个人愚蠢得不知道疼；而有的人笑，是因为故事中的人非常聪明，竟然把那个原来砸了自己头的椰子充分利用了起来。同一件事情会有两种结果，而那个人选择了更为积极的一面。难怪泰戈尔曾说："如果你因失去了太阳而流泪，那么你也将失去群星。"可见一个良好的心态会让你取得意想不到的成绩。

那么，如何才能拥有一个良好的心态呢？

1. 积极心态来自日常生活

不需看早上的电视新闻，你只要瞄一眼权威性报纸的头版新闻就够了，它足以让你知道将会影响自己生活的国际或国内新闻；也可以看看与你的学习及生活有关的当地新闻，但不要向诱惑屈服而浪费时间去看别人无聊的花边新闻。在上学途中，可听听电台的音乐或自己的音乐带。如果可能的话，和一位积极心态者共进早餐或午餐，晚上不要总是待在自习室中，多和你敬佩的同学或朋友聊聊天。

2. 在帮助别人的过程中传递积极心态

在你生活中的每一天里，写信、拜访或打电话给需要帮助的人，向他们显示你的积极心态，并把你的积极心态传递给别人。有些人总喜欢说，他们现在的境况是别人造成的，环境决定了他们的人生位置。这些人的想法是错误的。我们的境况不是周围环境造成的，其实，如何看待人生，由我们自己决定。

3. 及时改变你的习惯用语

不要说"我真累坏了"，而要说"忙了一天，现在心情真轻松"；不要说"他们怎么不想想办法"，而要说"也许会有更好的办法"。这种习惯性话语暗示将让你的心态更积极。

我们可以创造许多能将自己的心态变得更积极的条件，但是，如果我们真的遇到了不愉快或沮丧的事情，那又该如何找回积极的心态呢？

1. 凡事往好处想

也许，你偶尔会接到令人沮丧的电话，偶尔会收到几封令你震惊的信件，或许在大学的学习生活中也会有愁云惨雾的日子。但这些只是暂时性的，终究会告一段落，而积极的态度将帮助你取得成功。期待好消息，相信日日是好日，你将会惊讶地发现，干扰快乐的不愉快的事日趋减少了。

2. 把积极思考变成一种习惯

花点时间去培养积极思考的习惯，并让它深植于你的潜意识中，变成一种本能。一般谈到习惯这个字眼时，我们总免不了和吸烟、酗酒、咬指甲等坏习惯联想在一起。但还有其他的习惯，是与思想和沟通能力有关的。例如："面对大学里的独立生活，我已经习惯不哭了！""在大学里，我已经习惯不轻易表露自己的情绪。""我总是在钻牛角尖，尽往坏处想。"人的许多思想和行为，都是因为一再重复而变成习惯的。你应该养成积极、快乐地享受每一天的习惯，并且消除对自己不利的负面思想。

3. 反复地练习可以改变心态

如果一个人的习惯开始变得积极起来，那么他在大学里的任何梦想就一定会实现。为了达到这个目的，你必须主动地反复练习。反复地练习、不断地灌输，会因此奠定积极乐观的基础。当潜意识接受了这样一个指令的时候，所有的思想和行为都会配合这样的想法，朝着目标前进，直到达成为止。

只要能了解态度的真正含义，并且能在正面想法和负面想法间做出取舍，就能改变我们的态度。许多原本意志消沉的人，沿用了这个简单的方法，化消极为积极，从而创造了许多卓越不凡的成就。悲观不是人类的天性，乐观才是我们与生俱来的本能。

4. 让微笑变成一种习惯

当你微笑时你会发现，那些不好的念头就没那么容易侵入到你的心里了。要记着经常有意识地改变脸部表情，当你牵动嘴角时，它会反射到脑部，而负面的想法似乎就这样一点一点地被赶跑了。

彼得·瑞格是个优秀的讲演者和沟通高手，他总是说："即使懒惰的人，也懂得微笑，因为他知道，微笑牵动的肌肉要比皱眉少。"他还说："在我心中最美的面容，就是一张笑脸。"

5.尽量避免增加他人的负担

将自己遇到的困难和愁苦与亲密的朋友一同分担，这是人之常情。有时候，与他人的促膝交谈，可以舒缓我们的压力。但别人毕竟还有他自己的事，在遇到困难时，能自己解决的事我们要自己解决，尽量避免麻烦别人。

拉菲尔，现在已近90的高龄了。在她63岁时，丈夫艾瓦死于癌症。痛失所爱之后，她开始定期汇款给癌症研究机构。多年来，除了在家享受与儿孙的天伦之乐外，她还积极地过着丰富的社交生活。过去十年间，她的背痛日益加剧，其他的部位也都一日不如一日。尽管如此，她给癌症研究学会提供资金的习惯却从未间断过。几年前，她受邀出席由圣安格司·欧基理所主办的典礼，会中表扬她提供资金的杰出成就以及捐赠给癌症研究基金会的高额捐款。虽然拉菲尔身体极为不适，不能再开车，也无法随心所欲地行动，但是她还是那么积极乐观。为了不让别人为她的健康问题和病痛担忧，她还养成了一切靠自己的习惯。

可以想一下，和这样的人共处或聊天，一定有数不尽的欢愉。试想：当我们在大学学习和生活中遇到这样或那样的问题时，是否会像拉菲尔那样积极乐观呢？

6.每天都计划做点积极的事

"积极的行动等于正面的结果"，每天计划做点积极的事是相当具有建设性的，这也代表你又朝目标前进了一步。动力法则其中的一项便是：看见自己的进展，能提高我们的士气。一个冲劲十足的大脑是积极的，同时也存有成功的思想。

7.诚实是积极心态的上策

对他人诚实，对自己坦白，你将因此变得更有自信。坦然面对自己，清楚你此刻所在的位置以及你所相信的，对他人诚实，便可以让人知道你和他们的实际状况。

8.摒弃消极的想法

快乐是心灵积极而美好的状态，你一定要扔掉那些消极的念头。这其实并不难。首先，下定决心不再钻牛角尖；然后，以积极的想法取代消极的想法。当你把所拍的照片冲洗出来后，你一定会把焦距没对准或是光线不对的照片

> 49

扔掉，最后只有照得好的相片会被保留下来。因此，你也要对你的心智做同样的工作：丢掉所有不好的影像，让好的影像取而代之。

不管在大学的生活中你会遇到什么样的问题，有多少的不愉快，但请你相信：我们虽然无法改变生活，但我们可以改变看待生活的角度。转变一下你的心态，你的大学生活就能从此改观。

大学，人生规划的最佳时期

把握你奋斗的"风向标"

一个缺乏远大志向和目标的人，是不可能有太大作为的。在我们之中，还有许多人的心志没被唤醒，他们对于沉睡在自己身上的伟大力量一无所知。想想我们身边的人，想想我们自己，是否觉得有一丝遗憾呢？

在非洲撒哈拉沙漠中有一个叫比塞尔的村庄，它靠在一块 1.5 平方千米的绿洲旁，从这里走出沙漠一般需要三昼夜的时间。可是在肯·莱文 1926 年发现它之前，这儿的人没有一个走出过大沙漠。为什么世世代代的比塞尔人始终走不出那片沙漠呢？原来比塞尔人一直不认识北斗星，在茫茫大漠中，没有方向的他们只能凭感觉向前走。然而，在一望无际的沙漠中，一个人若是没有固定方向的指引，他会走出许许多多大小不一的圆圈，最终回到他起步的地方。自从肯·莱文发现了这个村庄之后，他便把识别北斗星的方法教给了当地的居民，比塞尔人也相继走出了他们世代相守的沙漠。如今的比塞尔已经成了一个旅游胜地，每一个到达比塞尔的人都会发现一座纪念碑，碑上刻着一行醒目的大字："新生活是从选定方向开始的。"

对于沙漠中的人来说，新生活是从选定方向开始的。而对于我们大学生来说，新生活却是从选定自己的奋斗目标开始的。

世界潜能大师博恩·崔西曾经说过："成功等于目标，其他都是这句话的注解。"一个人要想成功，最关键的一步就是先为自己树立一个明确的奋斗目标。假如有一艘船在大海上航行，你问船长："船在哪里靠岸？"船长说："我不知道。"你说这艘船最终会停在什么地方？假如有一个神枪手拿出一支枪准备射击，你问他："靶心在哪里？"他说："我不知道。"你说他能击中目标吗？处在大一阶段的新生们，如果连自己的奋斗方向都不知道的话，那一切的努力都是茫然的。

海尔，这个 20 多年前还是一个亏空 147 万元、濒临倒闭的生产电动葫芦的集体小企业，如今已脱胎换骨地成为中国最大的现代化大型家电产品生产基地。在这 20 多年里，在张瑞敏的领导下，海尔被改造成一个可以实现当地融资、当地融智，设计、制造、营销三位一体的国际化企业。在远大目标的推动下，海尔历尽千辛万苦，终于成功了，成为国际上拥有较高知名度的大企业。

经营学业与经营企业是同样的道理，它们都需要有一个正确而远大的目标。你只有选准这个目标，才能在它的指引下最终走向胜利的彼岸。确立了目标并坚定地"咬住"目标的人才是最有力量的人。目标，是一切行动的前提。确立了有价值的目标，才能较好地分配自己的时间和精力，较准确地寻觅突破口，找到聚光的"焦点"，专心致志地向既定方向猛打猛冲。那些目标如一的人能抛除一切杂念，聚积起自己所有的力量成为"工作狂"，全力以赴向目标挺进。

茅盾文学奖得主路遥是一位由农家子弟成长起来的作家。他认为自己文学创作的方向是"劳动本身就是人生的目标"，"只有在无比沉重的劳动中，人才会活得更为充实。"文学创作的崇高目标，凝聚成了路遥庄重的责任感、使命感，他宁愿活得不那么舒坦，也要一拼到底。凭着这种对目标执着的追求，他完成了史诗般的巨著《平凡的世界》。伟大的目标，使他获得了生命的辉煌。路遥坦言："是的，只要不丧失远大的使命感，或者说还保持着较为清醒的头脑，就决然不能把人生之船长期停泊在某个温暖的港湾，而应该重新扬起风帆，驶向生活的惊涛骇浪中，以领略其间的无限风光。人，不仅要战胜失败，而且还要超越胜利。"为了完成一项使命，达到自己的目标，他甚至可以忍受种种误解和嫉恨、一切屈辱和不幸，甚至献出生命之躯。这是多么了不起的境界！他的成功证明了一个真理：只有目标始终如一，才能焕发出极大的生存活力；只有超越了生命本身，人才可以不朽。

曾有一位哲人说过："我之所以站得高，是因为我想站得高一点。"话虽说得浅显，但其中蕴涵的道理却发人深省——只有远大的目标才能催你前进，促你成功。那么，怎样才能把你的目标落实到实际的奋斗中去呢？

（1）你要把你的目标运用到学习中。其中的关键在于你必须了解，知识的获得和成绩的取得都必须先建立清晰且明确的目标。当你对目标的追求变成一种执着的行动时，你就会发现，你所有的行动都会带领你朝着这个目标迈进。

（2）把目标转化为具体的计划。把明确的目标写下来，可使你更清楚地了解你所希望的是什么，可提醒你明确目标的力量，同时暴露出目标的缺点。一旦你把你的目标规划好，便应每天对自己至少大声念一次。这样做不但可以增强你的执着信念，同时也可以强化你的内心力量。

（3）你有追求成功的权利。有些人对于追求成功抱着恶意批评的态度，他们认为成功的人，都是以牺牲他人作为跳板的。但是他们却没有意识到，个人想要成功，就必须付出大多数人不想付出的努力。

（4）不断创造实现目标的机会。常常有学生感叹：现在的成功机会比以前少，因为周围都是跟自己实力相当的人。事实上，现在的机会并不少，少的只是想象力而已。

如果你想在大学阶段有所作为，你就必须清晰明确地做出决定：你到底想做一个什么样的大学生，或者说，你到底想做成什么事情。你一定要有一个明确的目标，并且把这个目标铭刻于心，而不能朝三暮四，游移不定。只要努力学习和奋斗，坚定不移，你心中所描绘的蓝图就会变成现实。

订立大学期间的目标

目标是你大学学习和生活中不可缺少的导航灯，它不仅可以指引你顺利完成大学四年的学业，而且对你未来的发展也会起到积极而深远的影响。

哈佛大学曾经做过一个关于目标对人生的影响的跟踪调查，该项调查的对象是一群智力、学历、环境等条件都差不多的年轻人，调查结果发现：

28%的人，没有目标；

61%的人，目标模糊；

10%的人，有比较清晰的短期目标；

2%的人，有十分清晰的长期目标。

25年的跟踪调查发现，他们的生活状况十分有规律。

那2%的人，25年来几乎都不曾更改过自己的人生目标，他们始终朝着同一个方向不懈地努力。25年后，他们都成为社会各界顶尖的成功人士，他们中不乏白手创业者、行业领袖和社会精英。

那10%的人，大都生活在社会的中上层。他们的共同特点是，那些短期目标不断地被达到，生活质量稳步上升。他们成为各行各业不可缺少的专业人士，如医生、律师、工程师和高级主管等。

那61%的人，几乎都生活在社会的中下层。他们能安稳地生活与工作，但都没有什么特别的成绩。

剩下那28%的人，他们几乎都生活在社会的最底层，他们的生活过得很不如意，常常失业，靠社会救济，并且常常在抱怨他人、抱怨社会。

调查者因此得出结论：目标对人生有巨大的导向性作用。成功在一开始仅仅是一个选择。我们选择什么样的目标，就会有什么样的成就，就会有什么样的人生。

大学期间，有一些学生放任自己、虚度光阴，还有一些学生始终找不到正确的学习方向。当他们被第一次补考通知唤醒时，当收到第一封来自招聘企业的婉拒信时，他们才惊讶地发现，自己的前途是那么渺茫，一切努力似乎都为时已晚。可见，在大学阶段，订立好你的目标是多么的重要！

目标是需要经过较长一段时间才能取得的成绩。大学里最大的目标，或许就是考虑你在大学毕业时应该做什么，是出国留学，还是在国内读研，抑或直接找工作？这是一个较为长远的目标，或许你在入学之初还不能做出决定，那不妨先放一放，用一年的时间来思考，等你即将结束大一生活的时候再作决定也不迟。

眼下最急切也最重要的是制订你的学期目标。如果你没有订立好这个目标，那么入学之初的一个学期里，你一定会毫无方向感。在制订学期目标前，你先准备好一份校历和一份你的课程表。要根据校历的时间安排和课程表的课程设置，再结合你的个人情况制订出目标。如果你以前没有做过类似的计划，那建议你先回答以下的几个问题：

（1）期末时你的学习成绩要达到什么水平（比如你决心拿最高的奖学金）？

（2）这学期学校、院系对你有何要求（比如必须完成一项社会实践，你打算如何完成）？

（3）本学期你将面临哪些重要事情（比如国家英语四、六级考试，计算机等级考试）？你希望自己考出什么样的成绩？

（4）你是否准备修双学位或者打算找份兼职？

（5）在学习、生活安排等方面，你对自己提出了什么要求？

当你把这5个问题的答案都写在纸上的时候，相信你已经为每个学期的安排搭好了支架。但若要使之成为一幢漂亮的建筑，还需要你制订一系列更为具体的目标来为它添砖加瓦，使之进一步完善。

在制订好你的学期目标之后，你还应该把它进行一下细分，细分到每一周的目标，最好每周能有一个固定的时间来思考下周的目标。拿一张纸坐下来，把下周你要实现的目标写下来，要尽量详细。先写出你必须实现的目标，例如，完成某门课程的期中论文，为周四的讨论课准备发言材料。再列出你可能完成的目标，例如读完老师指定参考书的3个章节、背诵一篇优秀的英语短文等。

在下个星期制定目标前，先检查一下自己上周完成目标的情况。如果全部完成就照此模式继续制订；如果有些目标没有完成，那就分析一下原因，赶快采取补救措施，务必使自己在下周把以前没完成的任务完成，同时也要适当调整你下周的目标，避免下次再出现不能完成目标的情况。因为经常不能完成任务对你的自信心会是很大的打击。

你的目标是为你的学习和生活而服务的，如果它制订得不合理，就会影响到你具体行动的落实。因此，在制订各个阶段的目标时你还应注意以下几个问题：

（1）目标要合理。比如说你一节课能背 60 个单词，那你就不要给自己订下一节课背 300 个单词的目标，因为它远远超出了你的能力范围，你根本不可能实现它。

（2）要有一个时间期限。从严格意义上讲，没有时间期限的目标等于没有目标，它只是一个梦想，因为它无法衡量进度，也无法衡量结果。诸如"我想拿奖学金"、"我希望过四级"之类的目标都是不明确的。

（3）目标要具体。你四级究竟想考多少分？及格还是优秀？是 60 分还是 90 分？什么样的大学生活才算是充实的生活？目标越明确，越容易实现。

（4）把目标写在纸上。白纸黑字，具有巨大的开发潜能的力量。如果你不把目标写下来并且每天温习的话，它们很容易被你遗忘，那它们就只不过是愿望而已，而不是真正的目标。实践证明，写下目标的人比没有写下目标的人成功概率更大。

（5）将目标视觉化。所谓目标视觉化是指你要经常在脑海中想象你达到目标时的情景，情景越生动逼真，你就越能体验到成功的喜悦，也就越能激发你追求成功的欲望。另外，你还可以把你的目标用图片的形式表现出来，比如你的目标是拿到校级三好学生，你不妨找来校级三好学生证书的图片贴在墙壁上或桌子上，时时看、天天看。

（6）要制订一个达到目标的详细计划。如果没有一个切实可行的计划，你的目标就只能是空中楼阁、海市蜃楼。

（7）要严格执行计划，每日检查计划的落实情况。你可以时常这样问自己："我现在做的事情会使我更接近目标吗？"

做好每个阶段的规划

为了目标的顺利实现，最好能够把目标化成每天要完成的任务。把目标化成每天要完成的任务是很有好处的，因为那样的话，你每天的努力比起整个过程要容易得多。当奥格·曼狄诺想写一本书时，光是 800 页原稿堆在桌上的情形就让他感到害怕。但当他制订每天写 15 ～ 20 页的计划后，一切就显得很轻松了。因此，在你确立目标之后，还要作好每个阶段的规划，这样才能保证你的目标不只是一句口号。

每个人的时间、精力和资源都很有限，在追求目标的过程中，必须有效地进行规划，而不要浪费宝贵的资源在无谓的步骤上。周详地评估各种选择后，剔除没有必要的部分，对必要的步骤排列出优先顺序，进而有效率地朝目标迈进。为了实现这一理念，我们可以先假设自己是一名游泳选手，目标是在大学生运动会上夺取自由泳的冠军宝座。那么，你需要采取什么步骤，才能实现这样的目标呢？

第一步，发誓自己会努力朝目标前进。

第二步，和别人分享你的目标。

第三步，阅读报纸杂志上有关训练的文章，和教练讨论你需要哪些特殊训练。

第四步，进行密集训练。

第五步，配合重量训练，锻炼上半身的肌肉，借以改善游泳的姿势。

第六步，配合营养均衡的饮食。

第七步，配合其他有益的生活习惯，譬如充分的睡眠。如果身体出现无法承受的警讯，应该立刻停止练习。严禁吸烟、喝酒甚至吸毒等不良恶习。

第八步，阅读励志书籍，加强心灵层面的韧性。

第九步，参加几次小规模的大学生游泳比赛，借以磨炼意志，并加强比赛的临场感。

第十步，保持正面积极的心态，即使遇到挫折也不要灰心。

第十一步，运动会比赛来临前，专心在耐力和速度的训练上。

第十二步，对自己要有信心，不时想想自己坐上冠军宝座的美景。

若能确实采取以上 12 个步骤，你便能一步一步地朝运动会自由泳冠军的目标迈进。

基尔霍夫是德国著名的物理学家。曾有一段时间，他在实验室里的研究让他的许多学生都感到不解。他每天都对着窗外射进的阳光默默发呆，更多的时间是用各种仪器观察分析阳光。有的学生终于忍不住了，问他："老师，你每天在研究什么？"

基尔霍夫不动声色地说："我在研究太阳上有没有金子。"学生疑惑地问："您是想从太阳上得到金子吗？如果得不到，您的研究又有什么价值呢？"基尔霍夫并没有回答他们，仍然继续他的研究。终于，他的研究一项接一项成功。最后他宣布，太阳光中存在7色光，而通过红、黄、蓝光谱的不同组合，会形成世界上的任何一种颜色。这一发现使他荣获了金质奖章。基尔霍夫将这枚奖章拿给曾经疑惑的学生们看，诙谐地说："你瞧，这就是我从太阳上得到的金子。"

基尔霍夫把研究阳光作为自己的一个大目标，一项项地研究，终于实现了自己的奋斗目标。

阶段规划的长短，对我们所起作用的大小不一样。你的阶段规划长远，则动力作用大，反之，产生的动力则小。就像人跑步一样，预定跑十里，跑到七八里时就会感到累，预定跑一百里，跑了几十里才觉得累。也许根据我们的实际能力，一下达不到更高的目标，但我们可以让大目标以小目标的形式分步骤地完成。这样，当完成了几个小目标后，我们会发现，我们已实现了一个中期目标。同样，当几个中期目标完成，我们会惊异地发现，自己已是一个成功者。由此，我们可以看出，阶段的规划在我们迈向成功的过程中是多么的重要！

那么，我们怎样做才能在设定自己人生大目标的过程中，做好各个阶段的规划呢？我们该如何设定自己人生的大目标，又如何去切割这个目标呢？

当你根据你的能力、爱好、环境条件等设计了多个目标之后，暂时不要考虑这个目标能否实现，也不要先设定期限。此时，你可以从全部的目标中选出几个最重要、最有可能在中短期内实现的目标，然后再把其中一个最重要的确定为核心目标。有了核心目标和中短期目标，你就可以进一步将目标进行规划，将其细化，并最终一步步付诸实施。

四年的时间，放在漫长的人生之中算不了什么，但是作为正处在成长转型期的我们来说，这一规划的成功与否将最终决定着我们今后的职业生涯是否一帆风顺。因此，在选择成功的职业生涯这一远大目标的指导下，你还应该根据每个年级的阶段特征来做具体的规划。

大学一年级，你应该先初步了解职业的概念是什么。同时，不断提高自己的人际沟通能力。具体做法是：多和师哥师姐们进行交流，询问有关就业的情况；多参加学校里面的各种活动，增加人际沟通的技巧；通过学习计算机知识，辅助自己的学习。

进入二年级，你要开始提高你的基本素质了。具体做法是：通过参加学生会或社团等组织，锻炼自己的各种能力，同时检验自己的知识技能；尝试兼职、社会实践活动，培养自己的坚持性；提高自己的责任感、主动性和受挫能力，增强英语口语能力和计算机应用能力。

到了三年级时，你应该在学习和实践中提高求职技能，搜集公司信息。具体做法是：撰写专业学术文章，提出自己的见解；参加与专业有关的暑期工作，和同学交流求职的工作心得体会，学习写简历、求职信；了解搜集工作信息的渠道，并积极尝试。

在四年级时，你就要进行工作申请，并最终实现成功就业。在此时，你应该对前三年的准备做一个总结，并开始毕业后工作的申请。积极参加招聘活动，在实践中检验自己的积累和准备；预习或模拟面试、参加面试等。

积极利用学校提供的便利条件，了解就业指导中心提供的用人单位资料信息，强化求职技巧，进行面试训练，尽可能地在做出较为充分准备的情况下进行施展演练。

当你做好了大学每一年的规划，并认真落实到你的实际行动中，相信当你毕业之时，你不仅不会再为找工作而发愁，而且还会充满自信地踏上你理想中的人生道路。

制订一份完备的学习计划

你在大学里度过的时间会是你一生当中很独特的一段时间。比之高中时的学习，大学教育的课程有自己独特的一面。在做个大致的了解之后，你可以先尝试着制订一份学期计划表以便更具体地落实你的各项行动。当然，行动的目的是为了实现你的长期目标。因此，你在做计划表之前可以先对自己的长期目标做一个综合考虑，然后再对每个学期做出具体安排，这样也更有助于你制订下一步短期的每周计划和每日计划。在制订计划的过程中，你应该保证制订的是较为积极主动，能够达到既定目标的计划，而不是处于被动，或给自己带来更大压力的计划。

按照学习计划的具体内容来分，它还包括基本的学习计划和长远的学习计划。只有你明确了它们的具体内容，才能更好地制订你的计划。

大学生的首要目标是完成学校规定的课程学习，因此你应该根据本专业及相关专业的培养方案，制订出基本的学习计划。此外，每位刚踏入校园的学生对未来都会有一个较为明确的目标，那就是毕业后是就业、考研还是出国，在哪个领域从事何种职业，考取哪个专业的研究生或是到哪个国家继续深造等一系列的长远目标。由于实现这些目标所需要的条件存在许多差异，因此，在制订学习计划的过程中你便有了一定的针对性。

俗话说："好的计划是成功的一半。"所以当你开始考虑给自己制订一份比较完备的学习计划之前，最好先想一想是否已经考虑到了如下几个因素：

(1) 是否在时间安排上做到课内与课外相结合，紧凑而不紧张？

(2) 在学习范围上，是否做到校内与校外相结合，理论联系实际？

(3) 在知识结构上，是否专业的深度和广度相结合，既专又通？

(4) 最终目标是否达到自身综合素质的提高？

同时，在你制订计划的过程中还应当随着经济发展和社会进步以及对人才和知识的需求，不断地进行修订和调整，从而更新自己的知识结构和内容，跟上时代步伐。

此外，在制订计划的过程中，你要注意使自己的学习系统化。按照大学学习的一般程序，我们可以把它分成预习－听讲－复习－做题－温习（小结）这样的步骤。在这个过程中你既要制订好学习的时间计划，又要保证在理解各科的差别的基础上针对不同的学科采用不同的复习方法。在做好各项准备之后，你就应该着手制作一个学期课程表了。现在你需要拿来做参考的材料有：一份日历，你所在学校的简介手册，你选修每门课程的教学大纲或纲要以及你的终生目标列表。

第一步，参考学校简介手册中的校历，记下假期、期中和期末考试的时间以及校历上给出的添加、取消、改变课程的具体日期。

第二步，仔细看一下每门课程的大纲或纲要，并在你的日历上记下具体的作业、考试和其他事情的日期。如果你有比较重要的论文，就需要在自己的校历上标出若干个中间环节的最后期限，以及完成整个计划的不同阶段。同时，你还应该考虑到其他一些因素，比如朋友聚会、听音乐会、体育活动、探家等。

第三步，审视一下你列出的终生目标清单，确定你的学期目的，以便达到这些目标。

第四步，在你的校历上列出达到这些目标的日期。你可以把本学期校历复印并张贴在一个显眼的地方，以便你能一眼看到整个学期的情况。新的作业和任务不断产生，你的日历便需要更新。你可以经常参考自己的学期课程表，用以制订每周的目标，从而有利于你在当前学期的学习。

学习的计划往往与学习时间的安排紧密地联系在一起，因此，你的学习计划是否充分，时间的安排是一个十分重要的因素。在我们大学的学习中，时间的分配一般是一个小时的听课需要两个小时的课外预习。由于各门课程的难度不一样，你掌握各门课程的熟练程度也不一样，所以，这个规则并非一成不变。因此，你在做一日计划之时，一定要搞清楚什么是必须完成的。为达到这一目的，在制订好自己的周计划之后，你可以做个每日计划表。这个计划表包括从周计划当中转移过来的当天任务，包括前一天未完成的任务，还包括其他你觉得应该完成的一些任务。

每日计划因人而异。有些人在制订时间表和作计划时，具体限定了一天的时间段，而另外一些人虽然也作计划，但他们只是依次完成任务。无论采用何种方法，或者把两种方法结合起来，都是可以的——但你必须把计划表放在首位，在未完成计划表上的任务之前，不要做任何其他的事情。唯有这样，才能保证你完成应该首先完成的任务，而不是首先完成有趣的或简单易行的工作。为了提高制订计划的效率，其中的一个办法就是，写个条子并粘贴在墙上，以便随时引起注意。

《大学》有云："知止而后有定，定而后能静，静而后能安，安而后有虑，虑而后能得。""学不知止，而谓其能虑能得，吾不信也。"所以朱熹作注曰：

"知止为始，能得为终。"学习伊始，明确自己所要达到的目标是非常重要的。只有明确了所要达到的学习目标，你才不会受其他事物的干扰，以宁静安定的心态对学习对象做深思熟虑的探索，才能学有所得。如果没有明确的学习目标，再用功的学习也是盲目的、徒劳的。制订一份完备的学习计划，一定将使你的大学生活卓有成效。

主动出击，让一切操纵在自己手中

许多考上大学的学生在进入校园之初，自认为已经读了好多书，具备了许多知识和能力，总有些高人一等的感觉。他们做一点事情就自以为了不起，认为自己不用再做任何努力便可轻而易举地取得成功。

其实，考上大学只是你人生中的一个阶段性胜利，那只能说明你过去十分努力。但是要想实现人生的大目标，在摆正自己位置的基础上，不但不应该瞧不起每一件正在做的小事，还必须全力以赴地做好它们。

有个年轻人到海边旅游，这是他生平第一次见到大海，坐在游轮上，他被眼前波涛汹涌的海浪惊呆了。当他看到渔民们打上来一网又一网的鱼，又被大海的富饶所震撼。于是他离开游轮，登上了一艘渔船，看着老渔民掌舵时从容不迫的样子，心里十分敬佩。

年轻人望着碧蓝的海水，问渔民："您能告诉我海为什么这样伟大，能养育这么多生灵吗？因为我是第一次见到大海。"老渔民望着遥远的海平面，深情地说："海之所以这么伟大，是因为它拥有最多的水，而拥有的关键在于它的位置最低。"

大海位置最低而拥有最多，我们人类又何尝不是如此呢？一位大哲学家曾说过："要想达到最高处，就必须从最低处开始。"这句话很适合刚刚进入大学的新生。如果你打算度过一个无悔的大学生活，在入学的那一天起，你就应该告诉自己要"从最低处开始"。只有"从最低处开始"，你才能拥有主动权，把握更多利于自己发展的优势条件。

1. 学习的任务不能忘

许多大学生认为学习是高中生的任务，到了大学可以放松一下了。其实并不是这样，你必须尽快培养起自己在大学学习中的积极性。

只有在学习的过程中培养自己的积极性，才能更有效地带动其他方向的积极性，从而使自己不断地向目标奋斗。你要学会调整自己的学习动机，保持长期学习的主动性和积极性，变"被动"为"主动"。

（1）注意把自己的学习与社会意义相联系，它是社会要求在自己学习上的反映。比如，你可以把个人的学习与国家的兴衰相联系，以此提高和加强自己学习的崇高使命感和责任感。

（2）其次，你要把自己的学习同别人的心愿和希望相联系。父母把你送进大学，是渴望你将来能够做出更大的成绩，但许多时候，他们的心愿往往为你所曲解。比如，你可能是为了获得父母的赞扬和肯定而争取奖学金，或者为了赢得同学们的羡慕而拿"三好学生"称号。我们应正确理解父母的心愿，既要肯定这些上进的想法，同时也要有更高的理想和追求，即为科学和社会进步而学习的责任感。

（3）最后，你应该注意由学习活动本身而引发的你对某一学科内容或专业课程的兴趣和爱好。这类动机比较具体、强烈而且有效，大学阶段表现更为明显，往往会影响人一生的学习。

2. 努力培养一种敬业精神

现在谈论敬业精神，在很多人眼里或许显得太早。然而，大学四年的时光一晃而过，这种精神有助于你走向社会后拥有更高的志向。

在1998年，意大利的国家足球队有个英雄人物，他自己亲自主罚点球命中，挽救了意大利球队。他就是巴乔。在球队里，巴乔为了让意大利队主教练看到他的表现，以求重回国家队，再战世界杯，他时刻为球队奉献着。因为巴乔这种敬业的精神，使他在一个赛季中竟然踢进22球，位居意籍球员之首。令球员们深深佩服的，已不仅是他出神入化的球技，而是他伟大的敬业精神。

敬业精神是一种不畏劳苦、敢于拼搏、锲而不舍、坚持到底的品性，有了它的存在，无论我们做什么事，都能在竞争中立于不败之地。即便从事最简单的工作，也少不了这些最基本的"品格"。

只要你愿意为自己的每一个目标计划付出努力，那么无论是在大学这四年还是将来踏上社会，你都一定会有所作为。

3. 敢想才能实现目标

树立一个远大的目标，你还得敢想。让我们先来看一下韩国前总统金泳三的成功经历。

1927年12月20日，金泳三出生在与釜山市隔海相望的巨济岛，父亲金洪祚是一位渔场主，信奉基督教，母亲朴富连是位贤惠朴实的家庭主妇。少年时代的金泳三，虽然家庭生活还算比较充裕，但他家的附近没有学校，从五六岁开始他便每天爬两座小山，到两千米以外的小学去读书。升入高小后，他到离家更远的学校去就读。在读高中时，金泳三就梦想成为韩国的总统，这位志向远大的青年人在与同学们畅谈未来的志向时，挥笔写出了"金泳三——未来的总统"的大条幅，并把它贴在宿舍的墙壁上。

正是由于敢想，促使金泳三在日后的征途中百折不挠，成就了一番大业。

4. 谦虚是一种美德

我们在取得成绩的时候要虚怀若谷，因为只有不满足既有成绩，才会取得更大的进步。古人早就说过"谦受益，满招损"，这句话虽距今甚远，但却岁久弥光，历史上数不清的事例都印证了这句话的正确性。

儒家视野中，孔子是集上古圣人之大成的至圣，但是我们在读《论语》的时候，常常会感受到其谦谦君子的风度。有一则故事说孔子带着他的门徒周游列国。一天，他们驾车到晋国，途中遇到一个叫项橐的孩子，在路当中堆碎瓦石，挡住了他们的路。孔子说："你不该在路当中玩，挡住车辆。"项橐指着地上说："老人家，您看这是什么？"孔子一看，原来这是用石子摆的一座城。孩子又说："是城给车让路呢，还是车给城让路？"孔子一听，觉得孩子很聪明，又懂礼貌，于是便问："你几岁啦？"项橐说："七岁。"孔子便说："七岁能懂礼，可以做我的老师。"

可见，谦虚是一种令人起敬的美德。当代大学生应秉承这种优良传统，把已有的成功经历作为自己进步的台阶，一步步地走向更高的顶峰。只有这样，才能为今后的学业、事业铸就扎实的基础。

决定前的准备：
如何建立大学期间的目标

1. 一个合理的目标应具备的几个条件

（1）目标应该明确。模糊的、泛泛的、不具体的目标是难以把握的，这样的目标同没有差不多。目标不明确，行动起来就有很大的盲目性，就有可能浪费时间和耽误前程。比如，你在初中时期确定了要做一个科学家的目标，这样的目标就不是很明确。因为科学的门类很多，究竟要做哪一个学科的科学家，确定目标的人并不是很清楚，因而也就难以把握。生活中有些相当出色的人，就是由于确立的目标不明确、不具体而一事无成的。

（2）目标应该实际。一定要根据自己的实际情况来确定目标，要能够发挥自己的长处。如果目标不切实际，与自身条件相去甚远，那就不可能达到。为一个不可能达到的目标而花费精力，同浪费生命没有什么两样。

（3）目标应该专一。目标要专一，而不能经常变幻不定。确立目标之前需要进行深入细致的思考，要权衡利弊，考虑各种内外因素，从众多可供选择的目标中确立一个。

一个人在某一个时期或一生中一般只能确立一个主要目标，目标过多会使人无所适从。生活中有一些人经常确立目标，经常变换目标，结果什么都做不好。

（4）目标应该长期。要取得巨大的成功，就要确立长期的目标，要有长期作战的思想和心理准备。任何事物的发展都不是一帆风顺的，世界上没有一蹴而就的事情。有了长期的目标，我们就不会怕暂时的挫折，也不会因为前进中有困难而畏缩不前。许多事情不是一朝一夕就能做到的，它需要持之以恒的精神，必须付出时间的代价，甚至一生的努力。

（5）目标应该远大。只有远大的目标，才是最具有价值的，才会有崇高的意义，才能激起一个人心中的渴望。确定的目标越远大，取得的成就就越大。远大的目标总是与远大的理想紧密结合在一起的，那些改变了历史面貌的伟人们，无一不是确立了远大的目标，这样的目标激励着他们时刻都在为人类共同的理想而奋斗。

2. 大学的规则

把你经过认真思考后确定的理想写出来，用它作为指导思想。写之前，先要考虑如下几点：

（1）你在大学中奋斗的重点是什么？

（2）你为什么要为这样的目标而奋斗？

（3）你打算怎样实施你的奋斗过程？

（4）你的奋斗过程可能遇到哪些主要障碍？

（5）你怎样去消除这些障碍？

比如，你计划去参加一个社团，但目前你的实力还不够，这便是一个主要障碍。那么，你就必须要用一定的时间和精力来提高你的实力，然后才能使你的计划顺利实现。

看一看在实现总体目标的过程中首先要实现哪些小目标，这些小目标一共有多少，有没有难以克服的阻力影响它们的实现。

（1）画出一个表，把短期目标、中期目标、长期目标、最终目标详细地列出来，并经常去审视它们，为自己定位，看看自己走到了哪里。一旦发现问题要及时进行调整。

（2）准备一个记录本，督促、检查你自己的行动。记下每日、每月、每年的进度情况，看看还需做什么。

（3）评估自己，确定自己是否有能力保证目标的实现，同时要弄清楚哪些目标的成功是不以自己的意志为转移的。如果必须经过与别人合作或通过别人的帮助才能实现某个目标，那么就需要对对方的能力以及与自己的关系进行综合评估。

防止目标偏离方向的几个要素：

（1）审视你的积极性。如果你发现自己积极性不高或者没有积极性，你就要认真考虑一下，你是否偏离了自己的目标。

（2）经常问问自己有多少责任感。每做一件事都承担着一定的责任，当你发觉自己没多大责任心时，就要想一想你是否偏离了目标。

（3）想一想轻重缓急的安排是否合理。如果你在做事时总觉得还有另一件更重要的事情需要马上做，这时你就要反思一下，是不是没有把事情的轻重缓急安排好。这时你就要选最主要的事先做。

（4）及时评估进展情况。要及时地评估离目标尚有多远，尚有哪些事情要做，还要做哪些方面的投入或付出，最好列出一张表格，以免走弯路。

（5）发现偏差及时纠正。这一点很重要，就像飞机要随时校正自己的方向一样，如果出现偏差却没有及时发现，那么你走得越远，麻烦越大。

第3个决定

永久财富，校园交际的和谐境界

在大学里与室友同住时，你有没有想过：谁是寝室中最受欢迎的人？谁是最不受欢迎的人？具备哪种人格品质的室友更被大家接受和喜欢？哪种性格特征是大家所排斥和厌恶的？选择亲密友伴时，你寻找的那一个与你性格相似还是互补？弄清楚这些，有助于你良好人际关系的建立与维护。

形形色色的大学生交友

常为别人的看法苦恼

现今，许多学生在进入大学校园之后，由于感觉自己文化素质较高，虚荣心便也较强。他们对未来的期望值过高，对自己的要求也过于苛刻，甚至于很在意别人对自己的看法。有的同学更是过于敏感，本来外界没有什么不好的评价，只是由于自我的感觉，便认为别人对自己看法不好，这无形中加剧了他们的心理压力与恐慌。

文艺复兴时期意大利诗人但丁曾说过："走自己的路，让别人说去吧！"许多大学生对这句名言都不陌生，但真正做到却不容易。很多大学生由于过于在意别人对自己的看法，不能坦然地走自己的路。他们时而犹豫矛盾，时而痛苦不堪。

你知道美国第一夫人爱琳娜·罗斯福是如何对付那些纷乱不实的批评的吗？她曾是个很害羞的女孩，非常介意别人的意见。后来她去问一个姨妈："贝蒂阿姨，我很想这么做，但是我又怕别人会批评。"

老姨妈温柔而坚定地说："不要介意别人的看法，只要你心里知道这样做没错就好了。"这句忠告让罗斯福夫人一生受用无穷，尤其是在她进入白宫后，对她帮助更大。

有许多学生反映，不在乎别人怎么说容易，但是，有时你还必须和曾经议论过你的同学或室友打交道。此时，由于你内心还对他们的言论有所顾忌，便不可避免地会在与他们交往的过程中产生一定的心理焦虑。

因此，首先你必须学会积极地看待自己。停止因别人对自己的消极评价而产生的像"我是一个笨蛋"以及"我一无是处"的想法，一旦出现应马上制止。

其次，要有意识地参加社交活动。不要在乎大家的评论，开始时先去接触一些你比较熟悉的人，然后再试着去接触那些较为刻薄、难以相处的人，逐渐扩大活动范围。这里有一些技巧可以掌握，比如，去见那些人之前，你可以先准备一些谈话的内容，事先有了准备，就不会那么尴尬了。

最后，要相信他人，敢于自我表现。要想别人不再过分猜疑、评论你，而是变得喜欢你，就必须让别人了解。试想，如果别人不知道你在想什么，你内心的感受是什么，你有什么期望，那么别人根本没有机会与你沟通，他们与你的这段距离会让他们感到好奇，同时你也会产生别人在背后议论你的猜测。

卡耐基说："生命的喜悦对我而言，似乎起于一种适当的归属……所有我认为不满足的人们，都不断地设法去演不是他们所扮演的角色，去做他们所不能做的事情……"其实，你不必因为别人的看法而去改变你所扮演的角色。许多大学生常常因为别人对自己的看法而苦恼，原因就在于他们在交往中不能简单、自发地去适应自己的社交角色，而是受了到别人思想的影响。

想要克服别人对你的影响，就要不断增强自己的角色意识。所谓角色意识，就是一个人对社会所要求的角色行为的认识。如果你的角色意识不强，就会对自己所担当的社交角色认识不正确、不深入、不全面，以至于自觉不自觉地按别人的某种看法、要求去充当另一种角色，这样便容易产生角色混淆的错误。

增强角色意识，不仅要了解社会对角色的特殊要求，而且还要自觉、主动地按照这些特殊要求去做。同时，你还要增强你的角色能力。由于每一个人都是一个角色集，那么，你就不但要当好 A 角，还要当好 B 角、C 角，等等。增强了角色能力，别人再如何说你，你也不会因别人的想法而改变自己了，而是会十分坚定、自信地做好自己。

知道了这些，下一次你再遇到别人不公平的责难时，记得只要问心无愧就好，凡事尽力而为就足矣。

遭遇他人的嫉妒

当你面对有人比自己的地位优越，取得比自己更好的成绩，或者自己看重的东西被别人夺取等情况时，往往会产生一种情绪，这就是嫉妒。嫉妒是所有人类情感中最难以控制和避免的，一旦产生了嫉妒，不仅会对别人造成伤害，也会对自己造成伤害。大学生们在人际交往中免不了嫉妒别人，也免不了遭遇别人的嫉妒。

当一个人产生嫉妒心理的时候，通常大脑里会产生"怎么做才能让对方成为自己的手下败将"的想法。如果将这种想法付诸实践，就有可能造成无法避免的伤害和后果。其实，克服嫉妒别人的最简单的办法就是自己努力，靠自己的力量取得比对方更好的成绩。如果是别人对你产生嫉妒，那么你也不要因此而过分在意，相信别人的嫉妒对于恢复他们自己的信心也是有帮助的。

在我们周围一直存在着这样一些人，他们技不如人，却对别人的成绩嗤之以鼻，"妒人之能，幸人之失"，从而上演了一场场丑陋的嫉妒闹剧。他们因为别人评上了比自己高的职位而指桑骂槐，因为某人得到老师的厚爱而愤愤不平，因为别人的生活条件比自己好而郁郁寡欢，给本已不太平静的生活平添了许多烦恼。

其实，一个埋头于自己学业的人是没有工夫去嫉妒别人的，而凡是好嫉妒的人常常不能把精力集中到自己的学习和生活中，而是投入到一些与自己的生活和学习无关的小事中。比如生活作风、学识修养，穿衣戴帽，甚至脸的形状、头上的一根白发，都会成为他们议论的焦点。他们也会为此而兴奋不已：哈哈，原来他也不过如此呀！原来他……心怀嫉妒的人在对别人的不断打击中寻找乐趣，以求内心平衡，而他们自己的生活却因此而搞得一团糟。正如古希腊哲学家德谟克利特所说："嫉妒的人常自寻烦恼，因为他心中的'敌人'正是他自己。"与其说是别人的成功妨碍了他，倒不如说是他自己的关注点发生了偏离，自愿从生活轨道上滑落而自毁前程。

知道了那些嫉妒你的人的心理特点后，你就不用再为之而自寻烦恼了！

你要学会把心胸放得开阔一些，这样才不会被别人的嫉妒之心伤害到。

古人云："木秀于林，风必摧之。"就一般人而言，总是愿意大家彼此差不多，你好我也好，否则就会"枪打出头鸟"。在日常生活和学习中，因为你有特殊才能或特殊贡献而冒尖，别人往往就会把你当成打击的对象。谁在哪一方面出人头地，谁便会受到人们的攻击、嘲讽和指责。

莎士比亚曾经说过："妒妇的长舌比疯狗的牙齿更毒。"如果我们不能有效化解别人对自己的嫉妒，很可能就会在不知不觉中失去本该属于自己的天空。所以，在必要的时候低一下头，给别人的嫉妒心留出点空间，是你不得不做出的让步。

当你发现别人对你的嫉妒心过重时，不妨采取以下几种方法来化解。

1. 向对方表露自己的不幸或难言之痛

当你获得成功的时候，有人可能会因此感到自己是个失败者，是个不幸的人。这构成了嫉妒心理产生的基本条件。此时，你若向嫉妒者吐露自己往昔的不幸或目前的窘境，就会缩小双方的差距，让对方的注意力从嫉妒中转移出来。同时这样做会使对方感受到你的谦虚，从而减弱对方因你的成功而产生的恐惧，使其心理渐趋平衡。

2. 向嫉妒你的人求助

你可以在那些与自己并无重大利害关系的事情上故意退让或认输，以此显示自己也有无能之处。另外，在对方擅长的事情上求助于他（她），就会提高对方的自信心和成就感，并让对方感到：你的成功对他（她）并不是一种威胁。

3. 赞扬嫉妒者身上的优点

你的成功使嫉妒者身上的优点和长处黯然失色，于是，一种自卑感在其内心油然而生，以至于自惭形秽，这是嫉妒心理产生并且朝恶性发展的又一条件。因此，适时适度地赞扬嫉妒者身上的优点，就容易使他（她）产生心理上的平衡，感受到："人各有其能，我又何必嫉妒他人呢？"当然，你对嫉妒者的赞扬必须实事求是，态度要真诚。否则，他（她）会觉得你是在幸灾乐祸地挖苦他（她），结果不但达不到消除其对自己嫉妒的目的，还可能挑起新的战火。

4. 主动与嫉妒你的人接近

嫉妒常常产生于相互缺乏帮助、彼此又缺少较深感情的人中间。大凡嫉妒心强的人，往往社交范围很小，视野不开阔，只做"井底之蛙"，不知天外有天。只有投入到人际关系的海洋里，才能钝化自私、狭隘的嫉妒心理，增加容纳他人、理解他人的能力。因此，主动与嫉妒你的人接近，对他多加帮助，增进双方的感情，就会逐渐消除嫉妒。傲慢不逊的大人物是最令人嫉妒的。试想，如果一个大人物能利用自己的优越地位来维护他的下属的利益，那么他就能筑起一道防止嫉妒的有效堤坝。

5. 让嫉妒者与你分享欢乐

"独乐乐，与人乐乐，孰乐？"你在取得成功和获得荣誉的时候，不要冷落了大家，更不要居功自傲，自以为是。你可以真诚地邀请大家（其中包括嫉妒你的人）一起来分享你的欢乐和荣誉，这样有助于消除危害彼此关系的紧张空气。当然，如果嫉妒者拒绝你的善意，则不必勉强于他（她），顺其自然。

总之，"退一步海阔天空"。其实，嫉妒你的人在不知不觉中是赞扬了你，这时如果你努力去化解别人对你的嫉妒，是一种修养和宽容，可以消融人和人之间的壁垒，让你的成就在嫉妒的布景中得到映衬。能引起别人的嫉妒，说明了你有才华；能有效地化解这种嫉妒，则体现了你的智慧和美德。学会化解别人的嫉妒，也是你大学阶段需要上的重要的一课。

怀疑自己的朋友

在大学生的人际交往中，常常会因为一点点的误会而导致朋友间的相互猜疑。你是否也遇到过这样的情况：当你发现自己喜欢的书找不到的时候，你开始在宿舍的每一个角落寻找，后来发现书在好朋友的枕旁，你开始怀疑他（她）想偷你的书。其实，那是你因粗心而随处乱扔的结果。一般而言，猜疑的实质是缺乏对他人的基本信任。猜疑者不从他人的行为表现中得出判断，而是主观认为他人表里不一，对自己可能有所欺瞒，因而对他人反复考察，希望证实自己的疑心。但在现实中很多事情都是难以查证的，于是猜疑者就更有理由去怀疑。而且一旦对方发现你在查证一些事情时，就会觉察到你的不信任。因此，猜疑有时会让你与无辜的好朋友产生不必要的心理隔阂。

古代有这样一个故事：一个人丢失了斧头，怀疑是邻居的儿子偷的。从这个假想目标出发，他观察邻居儿子的言谈举止、神色仪态，无一不是偷了斧头的样子，思索的结果进一步巩固和强化了原先的假想，他断定偷斧贼非邻居儿子莫属了。可是，不久他在山谷里找到了斧头，再看那个邻居的儿子，竟然一点也不像偷斧头者了。

这个人从一开始就自己总结出一个结论，然后走进了猜疑的死胡同。由此看来，猜疑总是从某一假想目标开始，最后又回到假想目标，就像一个圆圈一样，越画越粗，越画越圆。在现实生活中，猜疑心理的产生和发展，同这种作茧自缚的封闭思路主宰了正常思维密切相关。

为了尽快摆脱你对好朋友的无故猜测，防止你们之间产生不必要的误解，你必须克服你的猜疑心理。

1. 要信任别人

俗话说"用人不疑，疑人不用"，既然你选择他（她）作为你的朋友、同学或恋人，就应该充分信任对方，相信他（她）是胸怀坦荡的，相信他（她）不会做不利于你的事。当然，信任是一个双向的过程，在自己真诚待人、获取他人信任的同时也形成了他人对你的信任。

相互信任是消除猜疑心理的最好办法，它能摒弃个人不良心理的反作用，使集体力量得到最大限度的融合。只有大家相互信任，团结友爱，善于把自己所掌握的知识无私地奉献出来，互相学习，共同努力，才能把集体的优势发挥出来。过多的猜忌和情绪化往往会影响我们的学习和生活，使事情很难开展下去。

2. 加强积极的自我暗示

当自己的疑心越来越重的时候，要运用理智的力量进行"急刹车"，控制住自己的胡思乱想。要引进正反两个方面的信息，一分为二地看待自己怀疑的对象，想办法加上一些"干扰素"，如"也许是我弄错了"，"也许他（她）不是那种人"，"也许情况不像我想象的那么糟"，等等。条件允许时，可做一些调查，以查明事实真相，也可以请自己信得过、人品又很正派的朋友帮助分析事情的来龙去脉，清除自己的一些不符合实际的假想和推测。

3. 要学会全面、辩证地处世待人

要根据事实，实事求是地去看待人、处理事，而不要轻信流言，单凭主观想象看待问题。

4. 要及时释疑解惑

疑心的产生，必然有一些诱因，或者是对方的过失，或者是彼此的误解。在这种情况下，要开诚布公地、及时地把问题摆到桌面上，用善意的、讨论的方式交换意见，澄清事实，消除疑惑。

其实，猜疑也是人性的弱点之一。一个人一旦掉进猜疑的陷阱，必定处处神经过敏，事事捕风捉影，对他人失去信任，损害正常的人际关系，影响个人的身心健康。多疑可以说是友谊的"蛀虫"。具有多疑心理的人，常常带着"以邻为壑"的心理，把无中生有的事强加于人，也因此常把无端的祸患带给自己。鉴于猜疑的种种危害，我们应该尽快想办法消除自己的各种猜疑，用积极向上的心态去面对周围的朋友，也许到那时你将会豁然开朗。

5. 加强交往，增进了解

猜疑往往是彼此不了解、掌握有关信息过少的结果。猜疑产生后，常常又加剧了彼此的隔阂。明白了这个道理，我们就应主动地增加接触，在交往过程中客观地观察、了解和把握怀疑对象的有关情况。最好能与对方进行开诚布公的交谈，这样你就会发现造成自己产生猜疑之心的原因可能是由于错误信息的传入，可能是由于一句不经心的玩笑引起的误会，也可能是一些小人搬弄是非所致。这正如人们常说的那样：长相知，才能不相疑。

其实，世界上不被人误会的人是没有的，关键是我们要有消除误会的能力与办法。猜疑者生疑之后，冷静地思索是很重要的，但冷静思索后，如果疑惑依然存在，那就该通过适当的方式及时消除。若是看法不同，通过谈心，可以了解对方的想法；若真的证实了猜疑并非无中生有，那么，心平气和地讨论也可能使事情解决在冲突之前。

选好你的朋友圈

知识渊博的人

俗话说，"闻道有先后，术业有专攻"。在我们身边常有一些比我们的知识更为广博的人，他们或是我们的老师，或是我们的长辈，更或是与我们素不相识的同龄人，但因为某种机会而走到一起。无论怎样的关系，我们都可以主动与他们交朋友，那样一定会受益匪浅。

选择朋友是人生最重要的事情。俗话说"近朱者赤，近墨者黑"，与优秀的人交往会使你得到提高，而整天与无聊之辈在一起只会使你变得庸俗。与那些比自己聪明、优秀和学识渊博的人交往，你或多或少会受到感染和鼓舞，想像他们一样优秀。由于彼此成为无话不谈的朋友，你便可以把他们当成你的免费导师，指点你学习、生活中的迷津。

试着和你尊敬的教授们交流是一个提高自己素质的捷径。有的教授年近古稀仍极爱运动；有的教授年纪很轻却敦厚有加，一派长者风范。也许你的性格会和某些老师很相投，与他们交流起来没有隔阂，你可以渐渐地从他们身上学到很多有利于成长的东西。

比尔·盖茨认为，与优秀的人在一起，会使人产生向上的动力，提高对生活的激情。这个样板会产生很强的感染力，让人们受到直接的、有益的影响，在不知不觉中提升了自己的品格，使自己的生活和他一样充满活力。

与知识渊博的人交朋友，请记住以下几点：

（1）与知识渊博的人结交是很不易的，有很多机缘的成分，若有这样的机缘，也是一生的福分，因此要格外珍惜。

（2）与知识渊博的人结交有很多比较特别的收获，因为他不仅仅是一位朋友，同时也是一位师长，对你的成长有很大的影响和帮助。所以，遇事要多听取他与众不同的意见。

（3）与知识渊博的人结交毕竟不同于与一般年轻人的交往，很多适用于普通人的表达方式在他们那里可能会被理解为别的意思。这种情况会给交往带来障碍。所以在和他们交往时要注意表达方式，不要过于轻佻，不要以为自己和朋友喜欢做的事情，在与知识渊博者的交往中也适用。

（4）在与知识渊博的教授或老师结成忘年交时，对方的年龄往往比较大，一般是60岁以上的人最易和学生打成一片，这些老先生大多是童心未泯。而30岁左右的年轻教师与学生交往，几乎没有什么障碍，但是这种交往多是思想上的，想玩到一块儿去就不容易了。

在知识渊博者的影响、引导下，你可以改进自己的学习状态，开阔视野，从他们的学识中受益。你不仅可以从他们的成功中学到经验，而且可以从他们的教训中得到启发。因此，与那些学识渊博而又精力充沛的人交往，总会对你品格的形成产生有益的影响——增长自己的才干，提高自己分析和解决问题的能力，改进自己的目标，使自己在日常交际中更加敏捷和老练，等等。与此同时，也许对别人也会有帮助。

志同道合的人

结交朋友讲究缘分，并不是每一个人都能成为你的朋友。在大学阶段能够结交到志同道合的朋友，的确是一大幸事。志同道合者有共同的理想和人生观，有共同的追求。志同道合是交往的基础，俗话说"话不投机半句多"，志同道合的友情往往也是最坚不可摧的。同时，想交到这样的朋友，要靠你自身的努力。一棵树成长起来需要吸收阳光、雨水和养料，友情也需要热情的阳光、滋润的雨水和养分。在你的友情之树成长的过程中，你是否也浇注了自己的心血呢？

《论语·卫灵公》中说："道不同，不相为谋。"如果能结交志同道合的朋友，那是最好不过的事情了。因为你和那些志趣相投的人相处会更愉快，你们的友情会更长久。两个人相处，如果能在道德、信仰、理想等重大的人生原则、思想立场上志同道合，往往能一起谋划事情，共同创下一番事业。而真正的朋友，需要有共同的理想和抱负、共同的奋斗目标，这是两人结交的基础。如果两人在这些方面相差极大，志不同道不合，是很难有相同话题的，人的兴趣也必然不同，这样两人在交往时只能互相容忍，无法互相欣赏，因此容易造成形同陌路的结局。

东汉末年，黄巾起义，天下大乱。刘备结交豪杰，纠合人马，组织武装。关羽、张飞一起投奔刘备，替刘备当警卫。刘备跟他们同吃同住，睡一张床，情同手足。后来曹操俘虏了关羽，竭力优待他，先封他做偏将军，后来又上表请封他做汉寿亭侯，赏赐很多。但是关羽却一心想着刘备，终于离开了曹操。他"千里走单骑"，过五关斩六将，历尽千辛万苦，找到刘备。这以后关羽和张飞一起，一直跟着刘备出生入死，建功立业。刘备待他们也一直亲如兄弟。桃园结义被历代传为佳话。

刘、关、张的友谊，的确带有强烈的义气，但义气的背后，却是刘、关、张桃园结义时定下的共同志向使然。这从他们桃园结义的誓词中就可以看出来："刘备、关羽、张飞，虽然异姓，既结为兄弟，则同心协力，救困扶危，上报国家，下安黎庶，不求同年同月同日生，但愿同年同月同日死。皇天后土，实鉴此心，背义忘恩，天人共戮。"

俄国伟大诗人普希金在一首诗中说："不论是多情的诗句、漂亮的文章，还是闲暇的欢乐，都不能代替无比亲密的友谊。"的确，没有亲人的人，其人生是残缺的；没有朋友的人，其旅程是孤独的；而没有肝胆相照、志同道合的朋友的人，其经历则是十分惨淡的。

古诗曰："结交莫羞贫，羞贫友不成。"对于和你志同道合的朋友来说，生活的贫贱并不代表他人格贫贱，一时的贫贱也不代表他永远的贫贱。相反，他们可能有着常人没有的优势。真心地与他们结交会令你增长见识，提升个人的名声。如是你诚心地帮助他们，他日你需要他们时，就会得到他们的大力相助。如果你自己穷困，也不要因为自己贫穷就让自己的尊严与志气跟着"贫穷"。谁若是失去尊严与志气，就是自己轻视自己，那么别人自然也会轻视你。

请记住："以势交友，势倾则绝；以利交友，利穷则散。""君子之交淡如水，小人之交甘若醴。"庄子认为人与人之间的交往应该出自真诚,这样的友谊才能稳固长久。那种刻意追求的友谊,特别是以利益结合的友谊都是不可靠的,更不用谈什么志同道合。

孟子说:"好善优于天下,而况鲁国乎。"意思是说,喜欢听取有益的话就足以治天下,何况是治理一个鲁国呢? 言外之意就是说,那些善于听取别人的意见和建议的人,普天下的人都可能会不远千里而来向他提出有益之言;那些不愿意听取别人意见和建议的人,会拒别人于千里之外。唐朝魏征善谏,唐太宗则从谏如流,由此成为一代名君。"金无足赤,人无完人。"每个人都有缺点和不足,且往往"当局者迷",需要别人指正。能够指出你的缺点和错误的人,即所谓的"诤友",通常都是可靠而志同道合的朋友。

因缘分而得到朋友是十分难得的,但是我们不能光等着缘分的到来,很多时候,缘分就是机会,要靠自己去创造、去把握。当你身边有与你志同道合的人时,请记住要去和他们交朋友!

性格互补的人

在与他人交往的过程中,不可避免地会遇到与自己性格相异的朋友,而此时你只有记住朋友的优点,宽容地忘记朋友的缺点,才可能使交往更加融洽,从而促进彼此的友谊。相反,如果总是吹毛求疵,鸡蛋里挑骨头,相互指责、相互埋怨,则只能破坏朋友之间的感情。其实,与你性格互补的朋友可以使你从对方的优点、长处中看到自己的缺点和不足。

歌德与席勒之间的友谊向来为人称颂,可是由于生活遭遇和性格上的不同,这两个同时代的大诗人最初的关系并不是很融洽。歌德比席勒年长10岁,当席勒还很年轻的时候,歌德已名扬天下。但是后起之秀席勒的才华并不亚于当年的歌德,21岁就以剧作《强盗》一举成名,接着又写了《阴谋与爱情》等悲剧。文人难免相轻,于是两人相处不如从前那样融洽,感情上也产生了距离。不过歌德毕竟具有伟大的胸怀,他钦佩席勒的长处——不受周围环境的影响，专心致志努力创作，同时忘记席勒的短处——骄傲自满、目中无人。若干年后，他还保持着与席勒深厚的友谊，他对席勒说："你给了我第二次青春，使我作为诗人复活了。"两人在写作上多次合作，成为终身好友，死后还同葬在一起。

歌德与席勒的友谊长青很好地诠释了这样的真理："忘记朋友的缺点，记住朋友的长处。"当席勒傲慢的缺点伤害到歌德的自尊时，歌德将它飘散到风中；当席勒专心致志的优点刺激了歌德的创作激情时，歌德将它永远记在了心中。

因此，在大学与你性格互补的朋友相处时，你要尽力发现对方的优点。美国一位心理学家创造了一个改善朋友关系的三周计划：他要求那些产生分歧或者矛盾的合作伙伴，在三周之内每天发现对方的一个优点并且告诉对方。开始的几天双方都觉得有些别扭，但是几天之后就很自然了。到了第21天结束时，大多数的人竟然发现列举对方的优点并不是一件困难的事，同时也发现，对方的一些优点会给自己很大的帮助。其实，当你和与自己性格互补的朋友相处时，互相理解、互相包容是化解矛盾、取得共同进步的最佳方式。

欧阳修与好朋友宋祁一起被指派修编唐代的史书。宋祁有个毛病，写起文章来常爱用冷僻的字词，使人颇费琢磨。为了事业的需要，欧阳修每次都会帮助宋祁修改文章，而且毫无怨言。通过精诚互补合作，他们最终将唐史编撰为史书中比较出色的作品——《新唐书》。

管仲和鲍叔牙从小就是好朋友，他们曾经一起做买卖。当时管仲总是要多占一些利润。这本是一个贪小便宜的缺点，但是鲍叔牙却能理解管仲，他对人说："管仲之所以这样，是因为他要养活他的老母亲啊。"管鲍之交也因为相互理解而千古流芳。

大学生在选择合作伙伴的时候，一定要请与自己性格、能力互补的朋友参加。因为与他们合作就像是齿轮组，互相咬合在一起才能彼此带动，如果只是平摆浮搁地叠加，合作本身的内聚力就发挥不出来，效果也会大打折扣。所以，性格能力互补可以提高我们做事情的效率。比如，有一对大学生朋友，他们一个生活自理能力强、学习自励能力弱，另一个正好相反。他们交上朋友后决定展开"合作",取得了很好的效果。

与性格、能力互补的人合作是一个共同提高的过程,并不是简单的置换。只有从合作伙伴身上找到自己的弱点,并弥补弱点,才能提高自身生存的本能,这种友谊才会变得更有意义。

珠玉不如贵人——珍视周围的这些人

良师:人生的灯塔

大学教育的大部分价值都是从师生间、同学间感情的交流和人格的陶冶中得来的。他们的心相摩擦,激励起各人的志向,提高各人的理想,启示新的希望、新的光明,并将各人的各种机能琢磨成器。书本上的知识是有限的,然而从心灵的沟通中所得来的知识是无限的。

良师是学生的灯塔,指引学生向远方的目标前进,更给予了在黑暗中奋斗的学生一股股温暖的力量。很多曾上过大学的人说,影响学生最多的是,在学生的心目中,教师是否让他们感觉温暖和关心他们。这种温暖和关心不是出自教师的观点,而是出自学生的感受。

1952年诺贝尔文学奖得主——美国作家史坦贝克写了一篇有关师生关系的文章,开头的一段这样写道:

最近我那11岁的儿子走到我身边,以一种再也无法容忍的口气问我:"爸,到底我还要在学校耽误多少年?""大约15年。"我说。"啊!老天!"他沮丧地说,"一定要吗?"

史坦贝克为儿子的这种问题而感到伤心,因为他确信伟大的教师就是伟大的艺术家,他们可以使学生更加热爱自己的所学,珍惜自己的学业。但是,这样的教师并不多见。他说自己很幸运,一生中居然碰到过3位这样的教师。真正启蒙他的是一位中学教数学和科学的女教师,她引发学生的兴趣，激发学生的好奇，提升学生的成就欲望。每次上课，同学手上握着"事实"和"真理"，在空中不停地摇晃，嘴里大嚷大叫，每个人都要证明自己搜集的资料和研究的心得是最有意义的。当然，这一班是全校最吵的一个班。

史坦贝克向来连最简单的算术都不会做，居然觉得"抽象数学很像音乐。"史坦贝克经过他的教师的影响，对数学的"恐惧感消失了"，最重要的是他发现"求真原来是如此动人和弥足珍贵"！

孔子说，三人行，必有我师。意思是说每个人身上都有你可以学习的长处。一些因自己的知识丰富而洋洋得意的人往往只谈论那些早已经形成定论的事情，他们所做的判断一点也不吸引人。而良师的可贵之处就在于他们能以自己无限的知识、独特的教育方式激发你的求知欲，使你成为对知识追求永不满足的人。

在你的生命中，是否也曾出现过这样一个人，他可能没有直接对你传道授业，然而他却能够一眼洞察你的潜力。在你失落时，他让你看到希望；在你得意时，他为你敲响警钟，使你不会偏离轨道；最重要的是，他让你深信你一定会成功。在平时，他是你学习的典范；在特别的时刻，他会助你一臂之力。他就是你生命中永不可忘怀的恩师。

巴菲特是世界上最富有的投资商。他在读大学四年级的时候，读了本杰明·格雷厄姆的一本书，书名为《聪明的投资者》。对于巴菲特来说，这本书太重要了。当巴菲特得知格雷厄姆在哥伦比亚大学执教时，便打定主意要拜到他的门下学习。毕业后，巴菲特果然到本杰明·格雷厄姆的投资公司应聘工作，但遭到本杰明·格雷厄姆的拒绝。巴菲特没有放弃，他一而再，再而三地请求本杰明·格雷厄姆给他一个机会，他甚至不要工资。格雷厄姆最后点了头，但要3年之后才聘用他。巴菲特在接下来的两年时间里，跟着这位著名的作家学习。

25岁时，巴菲特回到了故乡——内布拉斯加州的奥马哈，在7位投资人的支持下，创建了巴菲特投资公司。巴菲特的原始投入为100美元，但5年之后，他就成了百万富翁，并从此逐步成长，最终登上了历史上最著名股票投资人的宝座。

本杰明·格雷厄姆就像是巴菲特人生中的导航灯，最终指引具有顽强拼搏精神的巴菲特走上了人生奋斗的最高峰。因此，正在求学中的大学生们，要想成就自己未来的梦想，不妨现在就开始寻找那位可以给你指引方向的良师吧！

益友：终生的慰藉

人总是生活在一定的社会关系中，无论是物质生活还是精神生活，都不能孤立地进行，必须互相依存、互相交往。有人说友谊是一个茶杯，每天在茶水的调养下，它日益润泽。但许多时候，人们常不自觉地把它放在一旁，以致它黯然失色。然而只要友情真挚，一旦再把它擦亮，它就仍会像新的一样。人渴望友谊，追求友谊，并且这一过程也是自己内心成熟的过程。当人格的魅力足以感动他人的时候，就是友谊之花盛开之时。而朋友就仿佛是友谊之花结出的硕果，它的养分会滋润你的人生、你的心灵，给你带来一生的甜美和安慰。

每一个人进入大学的目的都不仅是读书、学习、考试、拿到毕业文凭，他们还渴望在大学中广交朋友，寻找真正的、纯洁的、高尚的友谊。广交朋友很容易，可是结交真正的益友却需要付出一番心血。

从象形字义来看，"朋"字像两弯相映的明月组合，所以，朋友就是要肝胆相照、同心相契。明代大儒苏竣就把朋友分为昵友、畏友、贼友、挚友4种，而将"道义相砥，过失相规，缓急可供，生死可托"奉为朋友的最高境界。

据某报纸的一项报告显示：半数以上的青少年认为，知心朋友是自己未来生活中最重要的，这一比例远远高于选择财富、权力、信仰等其他事项的比例。

59%的大学生表示最快乐的时刻是"与朋友在一起"，这说明交友已经成为大学生朋友生活中必不可少的一个组成部分。

现在十几岁的城市青少年基本上都是独生子女，没有兄弟姐妹之间的争吵与陪伴，有的只是父母的说教和无尽的爱，因而现在的大学生渴望友谊、渴望同龄人之间的理解与交流。

朋友是自己的一笔财富，会对我们未来的生活产生奇妙的影响。但朋友也有好坏之分，我们在结交朋友时，应当遵循以下5项规则。

1．做你自己的朋友

如果你无法成为自己的朋友，那就不可能成为别人的朋友。如果你看不起自己，也就无法尊重别人，而且将对别人充满妒忌。其他人也将察觉到你的友谊并不纯洁，因此将不会回报你的友谊。他们可能会同情你，但怜悯并不是友谊坚强的基础。

2．主动接近他人

当你与某个相识的人在一起时，如果你觉得自己有意谈话，不妨尽量表达你的意思，只要不失态，大可放言高论。如果你说错了一句话，不要认为自己傻；如果你感到紧张，并希望别人能够喜欢你，也不要觉得自己不够稳重。努力去寻找具有积极个性与美德的人，不要吹毛求疵，因为它们是友谊的敌人。

3．换位思考

这种思考将会帮助你学会更好地与朋友相处。如果你能从对方的立场来想象对方的心情，并且尽量客观，那么你就可以感受到他的需求，并且尽可能在你的能力范围以及你们的关系程度之内满足这些需求，同时你也能够更深入地了解他的反应。如果他在某些方面很敏感，你可以避免令他感到难堪或不安。如果他是个值得交往的朋友，他将会对你的仁慈十分感激，而且他将回报你。

4．接受他人的独特个性

人人都有特点，坦诚相处时更能表现出这种特点。不要试图改变这个事实，因为别人是别人，不是你；接受他的本来面目，他也会尊重你的本来面目。想要强迫别人接受你先入为主的观念，你将会得到一个敌人，而不是一个朋友。

5．尽力满足他人的需求

这是一个激烈竞争的世界，人们往往只想到自己的需求而很少想到别人。尽力摆脱这种情况，并且多多替别人设想，那么你将成为一个受人尊重的朋友。许多人喜欢向别人"训话"，发表"演说"，对别人耳提面命，这种做法是错误的。千万不可如此对待朋友，你要和他平等地交谈。

好朋友是你一生的慰藉，如果你能有效地遵循这几项交友忠告，就会获得诚挚的友谊。

父母：第一个影响你的人

父母是你的第一任教师，父母的熏陶能够激发你的兴趣和潜能，为你今后的求学之路奠定坚实的基础。同时，父母还能给你提供良好的外部环境和物质支持，是你成才路上的坚实后盾。因此，请珍惜与父母的关系，他们是第一个影响你的人。

我国著名的史学家吴晗能够取得后来的成绩，很大程度上取决于父母对他的支持与教诲。正是在家庭环境的熏陶下，吴晗日积月累，不断进步，最终成为一代史学家。

童年时代的吴晗，受到父亲严厉的管束。他在7岁那年，开始在乡村的学堂读书。他学习很勤奋，无论严冬酷暑，从不迟到或缺课。由于吴晗是长子，因此父亲对他要求特别严格，11岁时就让他读《御批通鉴》，有不少段落还指定他背诵。父亲看到他贪玩不读书，就用鸡毛掸子打他。小时候的吴晗经常被罚跪在石板地上摇头晃脑地背书，直到背到父亲满意为止。后来，《御批通鉴》成为吴晗学习历史的启蒙教材。

我国著名的建筑学家梁思成是梁启超的长子，他在建筑理论、建筑教育思想、城市规划等方面都有不少超前的新观点，是我国建筑研究的先驱者，我国建筑教育的奠基人之一。他之所以能够走出父亲的荫庇，成就自己的事业，很大程度上是因为父亲对他的鼓舞和教导。

他的父亲注重引导他对知识的兴趣，又十分尊重他的个性和意愿，仔细地考虑并安排他的前途，同时又注意他的想法。例如，父亲对他说过，做学问不但要专精，还要广博。当梁思成在国外求学时，父亲在给他的信中说："思成所学太专门了，我愿意你趁毕业后一两年，分出点光阴多学些常识，尤其是人文科学中之某部分，多用点工夫。我怕你因所学太专门之故，把生活也弄得近于单调，太单调的生活容易厌倦，厌倦即为苦恼，乃至堕落之根源。"

又说："凡做学问，要'猛火熬'和'慢火炖'两种工作循环交互着去用。在'慢火炖'的时候才能令所熬的起消化作用，融洽而实有诸己。思成你已经熬过三年了，这一年正该用炖的功夫，这不独于你身子有益，即为你的学业计，亦非如此不能得益。"

此外，父亲还时常鼓励梁思成战胜学业上的困难，重视培养他的实践能力，具体指导他加强外围知识。信中说："莫问收获，但问耕耘。一面不可骄盈自满，一面又不可怯弱自卑。尽自己能力去做，做到哪里是哪里。如此则可以无入而不自得，而于社会亦总有多少贡献。"当梁思成在美国取得建筑硕士学位之后，父亲又在 1927 年 12 月 18 日的信中说："我替你打算，到美国后折往瑞典、挪威一行，因北欧极有特色，市容亦极严整有新意（新造之市，建筑上最有意思者为南美诸国，可惜力量不能供此游，次则北欧特可观，必须一往）。由是入德国，除几个古都市外，莱茵河畔著名堡垒最好能参观一天。回头折入瑞士看些天然美，再入意大利，多耽搁些日子，把文艺复兴时期的美彻底研究了解。最后到法国，在马赛上船，中间最好能腾出点时间和金钱到土耳其一行，看看回教的建筑和艺术，附带看看土耳其革命后的政治。"父亲对他的事业发展考虑得如此细致、周到，并常常把自己读书、治学的经验和心得传授给他，帮他认清前进的道路，指明发展的方向。

父母用一生的心血来培养我们，当我们离开家开始一种崭新的生活时，那也意味着，我们不再是孩子了，我们成人了。以前生命里只是单纯的两点一线或三点一线的生活，每天想的只是功课如何或是自己的那点小心情、小愿望，从来没有考虑过父母的辛苦和他们的心情。当我们走进大学校门，带着他们的祝福和嘱托开始新生活的时候，让我们回过头看看，在成长的路程中，父母曾经怎样为我们真心地付出，怎样为我们的每一点进步而高兴，为我们的每一点错失而难过。特别是很多家境不太好的孩子，父母甚至是兄弟姐妹用了怎样的牺牲才换来自己今天坐在教室里感受大学生活的权利，是他们用自己的一切为我们铺成了通向幸福的路，这不仅仅是义务，更是一份深沉的爱。

在成才的路上，我们要学会懂得生命的不易、亲情的珍贵。我们应该怀着一颗感恩的心去面对为我们含辛茹苦、奉献出博大之爱的父母，感谢他们

长者：经验总比你多的人

有不少年轻人总感觉年老之人的言论显得迂腐并且不大切合实际。但年轻人即使天资再聪颖，在人生的阅历及见识方面终难与年长者相比。他们是你的长者，当他们用自己亲身经历过的事情来教导你时，请不要不喜欢听或是进行诋毁，殊不知那些言论在他们身上都是应验过的。在你的年岁渐渐增长，经历的世事逐渐多起来之后，就会体悟到长者之言是多么值得人佩服。但是能体悟到这一点的人，往往早已是备尝艰辛了。

美国篮坛第二个神话，篮球天才勒布朗·詹姆斯，比乔丹小 21 岁。勒布朗·詹姆斯身高 2.03 米，比乔丹高 5 厘米。他的球队叫克利夫兰骑士，他已经成为美国新的"篮球之神"。尽管他并没有像乔丹那样带领北卡拿下 NCAA 冠军，但人们习惯叫他"第二个乔丹"。

扣篮的时候，他的手可以超过篮板上沿！他甚至可以在空中停留 2 秒钟，有人称他是一架直升机！从瑞汀格中学到圣玛丽亚高中，詹姆斯一步步踏上了篮坛，他的身后留下了一连串纪录：高中四年篮球生涯中总共获得 267 分、892 个篮板和 523 次助攻，3 次联赛冠军，一次"俄亥俄篮球先生"……而在这些成绩的背后，詹姆斯从不讳言有一个身影在激励着他，那就是穿着 23 号球衣的迈克尔·乔丹。

詹姆斯从小就崇拜迈克尔·乔丹，他梦想有朝一日能成为迈克尔·乔丹。他学习迈克尔·乔丹，模仿他的每一个动作，投篮、防守、进攻、弹跳，等等。他的房间满是迈克尔·乔丹的海报，书包里满是迈克尔·乔丹的资料。

詹姆斯的出现恰到好处，有人形容他是"美国篮球的救世主"。詹姆斯成功了。成功的原因当然有他个人的优越条件，有他的热情，有他的刻苦训练，但也有他向迈克尔·乔丹学习的因素。

一个人的成长环境往往决定着一个人的发展方向，而成长环境，有时也就是他的朋友圈子。个人成长的过程实质上也是一个向别人学习的过程。一个成熟的人，一个能够把握自我的人，应该知道如何去选择自己的朋友，建立自己的朋友圈。与比你强的人交朋友，你才能进步。与比你年长的人结交，尤其与比你年长的成功者结交，是与人共处的一着高棋。

著名的电视节目主持人杨澜，大学毕业后以其青春而又持重、活泼不失端庄的风采，获得了广大电视观众的喜爱。她在回顾自己成长道路的时候，一直不忘她在中央电视台与她的老师、长者、忘年交赵忠祥合作的经历。赵忠祥是一位资深节目主持人，家喻户晓。毫无疑问，初出茅庐的杨澜在中央电视台的日子里，得到了赵忠祥的无私帮助和关怀。当我们看到他们的身影出现在屏幕上时，我们都认为他们是中国最佳的一对搭档：一个沉稳博学，给人以厚重的感觉；一个机智靓丽，处处洋溢着青春的活力。他们在幕后有多少切磋交流，他们在荧屏下有多少探讨商榷！这对忘年交互相帮助，互相提携，一个真诚教诲，一个虚心求教，成为中国主持艺术史上值得记忆的美好佳话。

能与一位成功的长者相交，会给你的人生带来一份成功的经验。当你因敬畏他们而感到紧张或拘束、不敢与其对话时，请坚信，他们也是从这个年龄走过来的人，他们是十分乐意向你传授他们的人生经验的。

决定前的准备：测测你的人缘

下面是一份简单的问卷，选择最适合自己的选项，做完后按照后面的分数表把分数算一下，你就可以大概地知道自己目前的人际关系状况了。

（1）你最近一次交朋友是因为：

a. 你发现这些朋友令人高兴、愉快。

b. 他们喜欢你。

c. 你认为不得不结交。

（2）当你休假时，你是否：

a. 通常很容易就交到朋友。

b. 喜欢独自一个人消磨时间。

c. 希望交到朋友，可是发现难以成功。

（3）已经定下了要去会一个朋友，可是你却疲惫不堪。当你无法与他（她）相会时，你会：

a. 不赴约了，希望他（她）会谅解你

b. 去赴约，并且尽量玩得高兴。

c. 去赴约，但问他（她）如果你早些回家的话，他（她）是否会介意。

（4）你和你的朋友能友好多久：

a. 大多数都维持多年。

b. 长短不等，志趣相投者可以维持多年。

c. 一般都不长久，不断地弃旧交新。

（5）一个朋友向你吐露了一个极有趣的个人问题，你常常：

a. 努力使自己不再把这件事情告诉别人。

b. 连考虑都没考虑是否要把这件事情告诉第三者。

c. 在这个朋友离开之后，便立即找第三者加以讨论。

（6）当你有了困难的时候，你通常：

a. 总能够自己解决。

b. 向你依赖的朋友求助。

c. 只是当困难确实难以克服时才向朋友求助。

（7）当你的朋友有困难时，你发现：

a. 他们来找你请求帮助。

b. 只有与你关系密切的人才向你求助。

c. 他们不愿意来麻烦你。

(8) 你通常都这样来结交朋友：

a. 通过你已经认识的人。

b. 从各种各样的接触中。

c. 经过长时间接触或在有困难的情况下。

(9) 作为你的朋友，下面 3 种品质中，哪一种最重要：

a. 具有能够使人感到幸福快乐的能力。

b. 诚实可靠。

c. 对你感兴趣。

(10) 下面哪种情况描述你最合适：

a. 我总是使人们哈哈大笑。

b. 我总是使人们若有所思。

c. 人们和我在一起感到舒适自在。

(11) 如果有人请你去玩或在联欢会上唱歌，你往往：

a. 找个借口推辞掉。

b. 饶有兴趣地欣然应邀。

c. 断然回绝。

(12) 你属于下列哪一种情况：

a. 我喜欢赞扬朋友的优点。

b. 我希望诚实，所以有时候我不得不指责朋友。

c. 我既不吹捧奉承朋友，也不批评、苛责朋友。

(13) 你发现：

a. 你只能同与你趣味相同的人友好相处。

b. 一般说来，你几乎能同任何人合得来。

c. 有时候你宁肯与对你不负责任的人接近。

（14）如果朋友用恶作剧捉弄你，你反应如何：

a. 和他们一起大笑。

b. 感到生气并发怒。

c. 看你的心情和环境如何，也许和他们一起大笑，也许生气并发怒。

（15）对于他人依赖于你，你感觉如何：

a. 笼统地说，我不介意，可是我希望我的朋友们能有一定的独立性。

b. 很好，我喜欢被人依赖。

c. 避而远之，对于一些责任我宁肯置身事外。

测验结果判断：

各题对应的分数如下，请你将 15 道题的分数加起来：

（1）a—3，b—2，c—1　　　　　（2）a—3，b—2，c—1

（3）a—1，b—3，c—2　　　　　（4）a—3，b—2，c—1

（5）a—2，b—3，c—1　　　　　（6）a—1，b—2，c—3

（7）a—3，b—2，c—1　　　　　（8）a—2，b—3，c—1

（9）a—3，b—2，c—1　　　　　（10）a—2，b—1，c—3

（11）a—2，b—3，c—1　　　　　（12）a—3，b—1，c—2

（13）a—1，b—3，c—2　　　　　（14）a—3，b—1，c—2

（15）a—2，b—3，c—1

如果你的分数在 36 ～ 45 之间，说明你的人缘很好；

如果你的分数在 26 ～ 35 之间，说明你的人缘中等；

如果你的分数在 25 分以下，那么你就有可能是个相当孤僻的人。

当然，这么简单的一个测试不能说明所有问题。但是，它提醒你应该注意自己目前的人际关系了，同时，你应尽量克服人际交往中的障碍。

第**4**个决定
实践这把"双刃剑",你将怎样铸造它

有知识的人不实践,等于一只蜜蜂不酿蜜,而大学生不参加实践,一切理论都将是纸上谈兵。要学会游泳,必须得下水,实践是一把"双刃剑",大学生们一定要用心去铸造。

快乐源自实践

比赛，施展你的才华

很多大学生进入大学以后，发现自己周围的同学个个"身手不凡"，因而找不到自己在高中时的那种优等生的感觉。其实这种自信心的受挫是很正常的，重要的是调整心态，寻找自身新的优势，重新找回自我。

你要有一种平和的心态，真正把自己看作是新集体当中普通的一员。天外有天，山外有山。世界上的任何事物都是有层次的，人也是一样。即使你今天成为班里最好的，那以后到社会上呢？人不能永远领先，正是因为自己与他人的差距，才会使自己有奋斗的动力。

为了让自己在大学中找回昔日的自信心，你可以根据自己的优势寻找突破口，参加学校举办的各种比赛活动使自身价值得到充分发挥。在中学时学生价值的展示只有一个标准，即学习好。到了大学，价值标准不再只是学习成绩，而是呈现出多元化的趋势。应该看到每个人都是一个多面体，都各有长处与短处。如果人人都只在考试成绩上争高低，多数会成为失败者。要是人人都充分地发掘自身潜能，展示各自的长处和优势，那么每个人都可以在某些方面处于冒尖地位。因此，你应该积极投入到学校举办的各种比赛中去，不断锻炼自己，使自己获得全面发展，这样你的大学生活才会丰富多彩。在保证学习良好的情况下发挥出自己的特长，在比赛中你同样可以获得满足感。或许你唱歌好，或许你踢球好，或许你辩论能力强，或许你写作文笔好，总之每个人都有自己的特点，在比赛中发挥出自己的优势，你就会寻找到昔日成功的感觉。

凯丝·达莉想要成为一位歌唱家，可是她长得并不好看。她的嘴很大，牙齿很暴露，每一次公开演唱的时候——在新泽西州的一家夜总会里——她都想把上嘴唇拉下来盖住她的牙齿。她想要表演得很美，结果呢？她使自己大出洋相，总也逃脱不了失败的命运。可是，一个总在那家夜总会里听她唱歌的人，认为她很有唱歌天分。"我跟你说，"他很直率地说，"我一直在看你的表演，我知道你想掩藏的是什么，你觉得你的牙长得很难看。"这个女孩子显出一副窘态，可是那个人继续说道："其实不必这样，难道说长了龅牙就罪大恶极吗？不要去遮掩，张开你的嘴，观众欣赏的是你的歌声。再说，那些你想遮起来的牙齿，说不定还会带给你好运呢！"

凯丝·达莉接受了他的忠告，没有再去注意自己的牙齿。从那时候开始，她只想到她的观众，她张大了嘴巴，热情而高兴地唱着。后来，凯丝·达莉成为电影界和广播界的一流红星。

如果你觉得自己实在没有什么特长去参加校园比赛，那么，推荐你去参加一下辩论赛，这不仅会让你获得更多的自信，而且更是施展你才华、提高你的语言表达能力的最有效途径。

首先，参加辩论赛可以促使你储备更丰富的知识。知识丰富的人才能有话可说，才不容易被人驳倒，才能做到能说会道，才能滔滔不绝、口若悬河。辩论赛是智力和学识的比赛，只有拥有敏捷的反应、丰富的学识的人才能在辩论中取胜。

其次，参加辩论赛还可以使你在讲话时能勤于思考。人之所以说话，主要是为了交流、沟通思想，或者是要把对方说服、辩服，辩论也是这样。在什么场合怎样说话，在什么对象面前怎样说话，这都必须认真对待。勤于思考，也就是说必须认真动脑，好好想一想才能说。

此外，还可结合自己的实际，摸索出一套好方法。譬如：多读一些古文、优秀作文，多背一些诗歌；激励自己举手发言，不要怕说错；在家里与父母经常交流，并且多参加一些社会交际，与他人多交流，培养自己的自信心，这样在不知不觉中自己的口头表达能力就会有所提高。如此，你便在比赛的过程中获得了自我的提高和才华的展示。

社团，放飞你的激情

　　学校里的学生活动有很多。你可以到学生社团、学生会、班委会、学校的各级团委等组织中做一个普通的参与者，领略各种活动的丰富多彩，认识不同院系的朋友；也可以在其中担任干部或组织者，锻炼自己的工作能力，积累为人处世的经验。这两种角色不是对立的，可以同时存在，也可以相互转化。新生刚入学时多数是学生社团的参与者，不久之后就会有一些人成为一个或几个学生组织的干部。无论你是参与者还是组织者，都可以把社团当成是实现梦想、放飞激情的舞台。在这个舞台上，你可以尽情抒写自己的青春。

　　每年的9月份，是大学新生入校的日子，也是大学校园里各个社团最为忙碌的"纳新"时节。校园的布告栏中贴满了五颜六色的社团"纳新"广告和各个社团的宣传海报，还有一些社团干脆就在教学楼门口、寝室楼门口、食堂门口摆起了摊位，摆出了"纳新"的架势。一位社团的负责人说："各个社团都很注重9月的'纳新'宣传，就像大学的'招生'宣传一样，一方面是展示本社团的实力和工作情况，另一方面也确实是希望招收一些'新鲜血液'来充实社团。"

　　许多大学新生面对着铺天盖地的"纳新"宣传，感到既新鲜又困惑，不知道自己该加入哪家社团才好。有的大学生抱着多多益善的心理，一下子参加了五六个社团，殊不知其以后将备尝"分身乏术"之苦。

　　大学校园中有着各种各样的社团。一般而言，这些社团根据内容和性质的不同可分为：理论学习社团，如邓小平理论学习小组、马克思主义经典著作学习社等；专业社团，如文学社、计算机协会、法律爱好者协会、英语互助会等；体育活动类社团，如篮球俱乐部、足球俱乐部、网球爱好者协会、乒乓球队、运动员之家等；业余爱好类，如音乐协会、电影协会、舞蹈协会、摄影协会等。这些社团都可以称为学习的社团。在这样的社团里，学生们不仅培养了兴趣，增长了知识，还能学到许多社会知识和做人的道理。更重要的是，在社团中学习，激发了学生们的学习热情，提高了学生们的学习效率和学习能力，受到了广大师生的一致认可。据《中国青年报》报道，湖北大学改革了学生社团的管理办法，实行社团活动与选修课相结合的激励方式，明确规定学生参加社团可以拿学分。这样一来，大大激发了大学生参与社团活动的积极性，学校也加强了对社团活动的管理与指导，充分发挥了社团的作用。

当你加入某个社团时，就要认真做好社团的每一项工作，并坚持到底。你自己心里要清楚自己在社团中应该做些什么，以及怎样培养自己的社会实践能力，不要把自己在社团中的职位看得过重，也不要抱有太强的功利色彩。其实社团的每一个活动都能让你从中得到锻炼。北京大学山鹰社的一位社长说过："加入山鹰社令你付出超出你想象的东西：要坚持每周大运动量的体能训练，在漆黑的操场上枯燥地跑圈；要坚持日常的攀岩训练，体会那接近身体极限的痛苦；要坚持周末的野外活动，忍受恶劣的自然环境；还要忙着社里、部里的日常事务。这一切要一个人独立完成是不可想象的。所幸的是我们有队友的关心、帮助、鼓励和期望，这一切能给人无穷的动力，让我们做到自己想都想不到的事情。最后你会发现，你能够从山鹰社得到超出你所想象的收获。"

如果你已成为社团的组织干部，那么这是培养你组织管理能力最为有效的途径。在校期间，你应该正确认识社团活动，好好把握，积极参与，大胆锻炼。因为在这块天地里，你既要对一些工作和活动进行决策，又要协调各种关系，疏通各种思想问题；既要从宏观上进行组织管理，又要在微观上做一些细致的具体工作，所以非常有利于培养和提高你的组织管理能力。事实上，不少走向领导岗位的毕业生大都是大学期间担任过学生干部的。据统计，我国高等院校的领导干部中80%以上的人在大学时期就是班干部或社团干部，做过学生的组织管理工作。大学时期的锻炼为他们组织管理能力的培养和后来的成长打下了坚实的基础。

大学生活只有短暂的四年，转瞬即逝，应好好珍惜。社团锻炼与其他专业文化课一样，是每一位同学都应该修的"课程"。通过参与社团活动，我们会积累更多的知识，并从中得到锻炼，自身素质也会得到提高。有了社团的打磨，我们年轻气盛的棱角会渐渐平滑，姿态放得更低，自己也就会飞得更高。

大学期间参加的活动无论酸、甜、苦、辣都是一种经历，而经历何尝不是每个人独有的一笔人生财富呢？若干年后，回忆自己的大学生活，和社团里的同学一起搞活动会给自己留下十分美好的印象。这样的经历虽不足道，却能成为人生美好的记忆。而"恰同学少年，风华正茂；书生意气，挥斥方道"的体验，则更是不可多得的精神财富。

"海阔凭鱼跃，天高任鸟飞"，大大小小的社团给我们撑起了一片放飞激情、自由飞翔的天空。亲爱的大学生朋友们，还犹豫什么呢？用青春和激情来好好描绘你大学生活的美好画卷吧！

打工，历练你的心智

大学四年，很少有人没打过工。打工不仅可以增加收入，减轻家里的负担，还可以锻炼自己，培养各方面的能力。打工是历练你心智的过程，是人生很有意义的一种经历。尤其是在没有父母资助的情况下，假期留校打工的收获肯定不是在校读书和一般兼职可比的。

"两耳不闻窗外事，一心只读圣贤书"，这是古代读书人的美好意愿，它已经不符合现代大学生的追求。如今的大学生身在校园，心却更加开阔，他们希望自己尽可能早地接触社会，更多地融入丰富多彩的社会生活。时下，打工的大学生一族正逐渐壮大成一个部落，成为校园里一道亮丽的风景。城市来的、农村来的，富裕生、贫困生，只要有机会就去打工，在工作当中释放自己的热情。大学生的价值取向在这股潮流中正悄悄发生着改变。

这些打工的同学，有的利用课余时间，有的利用双休日，但更多的同学则把目光瞄准了假期这个最适合打工的时间段。每逢寒暑假，在岔路口，总有一些年轻人拦住来往的行人，热情地让路人们填写各种各样的调查问卷；商场门口，总有一些同学手举着写有"家教"二字的木板，执着地傲立在寒风烈日下；商场里面，做着促销的大学生正笑脸迎接来往如梭的顾客……大学生打工，已经成为越来越突出的社会现象。

大学生走出校门打工是好事，但由于缺乏一定的社会经验，也往往容易上当受骗。

李楠在某打工中介机构交了50元钱，中介给了他一个手机号，说是让他教一个初中生的数理化。这个手机只回了一次电话，说了面谈地点。可等李楠到了面谈地点，却根本没人。再打电话，对方再不接了。回去找中介，中介却说："我的责任尽到了，没联系成是你自己的事。"

无独有偶，刘丽等四位同学在寒风中发了几千份宣传材料，可老板却说她们的发放方法不对，每个人反倒要赔偿 28 元钱。不赔？老板早有准备，事先押了她们每人 50 元。

还有的人把大学生当苦力，什么脏活、累活甚至危险的活都让来打工的大学生干；有些中介机构，没收钱以前满脸堆笑，收了钱立刻变脸。

这些触目惊心的事例再次告诉我们，打工并不像我们想象的那么简单。因此，在你尝试找工作之前，应先向有经验的同学学习一下，再谨慎行事。

没有社会经验，也并不等于你可以回避社会。经过十余年的学业夯基，莘莘学子终于昂首迈入了新的驿站。除了提高自己的学术水平，让自己在所学专业中学有所成之外，在大学期间锻炼自己的综合能力以更好地适应将来的社会生活也是重要的任务之一。对于大一的新生来说，就业压力可能还是很遥远的事，但是，从入学开始就为将来走向工作岗位培养自己必要的竞争能力和工作能力，是十分重要的。因此，打工可以算是一个很好的选择。

英国著名的哲学家怀特先生这样说过："在中学阶段，学生伏案学习；在大学里，他需要站起来，四面观望。"打工可能只是一个契机，它让我们相对轻松地走出校门，接触这个缤纷的世界，又不至于涉足太过复杂的环境，从而改变了心性。

上大学的目的是为了顺利地融入社会，象牙塔里教给你的不是"鱼"，而是"渔"。我们在大学里学到的知识也许很快就会被淘汰，但是学习的方法却可以让你受用一辈子。拥有学习的能力，你的知识才能不断更新，不断增长，不断适应新的需要。每一个踏上新岗位的毕业生，都要有一个重新学习的过程。因此，尽早地开始做与本专业相关的工作，一方面可以为你带来额外的收入，另一方面也让你认识到社会真实的一面。

对许多人来讲，打工挣钱已不是唯一目的，毕竟学校里有很多制度和形式来缓解学生的经济压力。比如可以申请助学贷款，这种零利息的贷款可以在毕业后几年内还清；还可以勤工俭学，学校通常都有勤工俭学中心，可以提供很多补助机会；另外，还有奖学金。所以，只要考上大学，资金的问题会比较容易解决。因此，你完全可以把打工当成一种纯粹的锻炼。

现在，大学生打工也不是什么新鲜事。据有关媒体调查，在高校中，90%以上的大学生经历过 1 ~ 2 次的勤工俭学活动，多数大学生都对自己的打工经历表示满意。因为他们能从这些经历中学到很多书本上学不到的东西，例如做人的道理、处世交际的技巧等。

如果你不想将来被瞬息万变的社会所淘汰，那么就选一份合适的兼职来锻炼自己吧！

义工，培养你的爱心

在我们成长的过程中，接受过许多人无私的爱心和帮助，因此当我们长大后，应该尽量地给予他人我们的关爱、同情、鼓励与扶助。然而那些东西对于我们本身是不会因"给予"而减少的。我们把关爱、善意、同情、扶助给的人愈多，则我们所能收回的关爱、善意、同情、扶助也就愈多。

从前有个皇帝，有一个为他所宠爱到极点的儿子。这位年轻的皇子，没有一个欲望是不能得到满足的，因为他父皇的钟爱与权力，可以使他得到一切他想要的东西。然而他仍然常常眉头紧锁，面容戚戚。

有一天，一个大臣走进王宫，对皇帝说，他有方法使皇子快乐，把皇子的戚容变成笑容。皇帝很高兴地对他说："假使能办到这件事，则你要求任何赏赐，我都可以答应。"

大臣将皇子领入一间私室中，用一种白色的东西在一张纸上涂了些笔画。他把那张纸交给皇子，嘱他走入一间暗室，然后点起蜡烛，注视着纸上呈现出什么。说完，大臣就走了。

年轻的皇子遵命而行。在烛光的映照下，他看见这些白色的字迹化作美丽的绿色，显现出这样的几个字："每天为别人做一件善事！"皇子遵照着大臣的劝告去做。不久，他就成为他父皇国土中最快乐的一个少年。

在大学中，奉献精神也是你应必备的。尝试着去做一些不图回报的工作，在奉献爱心的同时，你也会获得无限的乐趣。

一位哲学家曾问他的学生："人生在世，最需要的东西是什么？"答案有许多。但最后有一个学生说："一颗善心！""正是，"那位哲学家说，"善心这两个字中，包括了别人所说的一切话。因为有善心的人，对于自己，能自安自足，能去做一切与己适宜的事；对于他人，则是一个良好的伴侣、可亲的朋友。"

"老吾老，以及人之老；幼吾幼，以及人之幼。"这是在中国传诵了几千年的名句，它时时激励着人们友爱互助，共同促进社会的和谐进步。大学生志愿者活动的开展，弘扬了社会文明新风，促进了团结友爱、诚恳守信、助人为乐等良好风气的形成。作为新世纪的大学生，我们应自觉做中华民族传统美德的传承人、社会主义道德的实践者、新型人际关系的倡导者。

"赠人玫瑰，手留余香。"作为一名义工，我们的爱心和付出让他人得到关怀和帮助，使他们感受到社会大家庭的温暖，这样我们的努力就有了价值，我们的劳动就有了意义，我们就无怨无悔了。看到我们的努力使他人绽放笑颜，会是我们最大的快乐。

旅游，开阔你的视野

大学可以说是最为舒畅的时间了，虽然平时要上课，但是到了晚上和周末，则完全由你随意把握。你可以选择去较近的地方游览一两日，并不耽误什么事情。到了寒暑假和法定假日，要是经济上很充裕的话，建议你一定要好好利用这段时间，尽可能出去旅游一下，多走走。那风光或秀美或壮观的地方，将会开阔你的视野和胸怀，陶冶你的情操。并且，旅游也是我们人生宝贵的经历。

旅游的一大要求是好奇心，对于奇异的景观与现象保持好奇心，是一个人难得的品质，也是拥有丰富阅历的基础。好奇心强的人，往往对生活中的各种事情保持兴趣，对外面的世界更是有着异乎寻常的渴望。旅游可以满足人们的这种渴望。同时，旅游既丰富了你的生活，也在不知不觉地影响了你的生活情趣与艺术品位。拜伦最有名的作品是长诗《唐璜》，用八行体写了主人公唐璜丰富的经历。他两次横穿欧洲大陆的壮举不是随便什么人都可以做到的，尤其是这种游历不是走马观花，而是用心去观察，用心去学习。拜伦的意大利之旅使他精通了八分体，而几次欧洲大陆之行更是给他的文笔以无限的养料。可以说，没有欧洲的游历，就不会有《唐璜》，也就不会有我们看到的那个诗人——拜伦了。我们虽然没有遍游欧洲的条件，然而适当的游历确实能慢慢地开阔你的视野，改变你的气质。

读万卷书，行万里路。随着生活水平的提高，经常性的外出旅游已经成为可能。在假期或一般性的空闲时间里你可以到处去走走，到处去看看。目前，外出旅行渐渐成为人们度假休闲的一种主要方式，广大的学生正逐渐成为其中最活跃的一群。

同时，旅游也是大学生普遍喜欢的一项课外活动，因为它不仅能给人带来身心的愉悦，还能让大学生们在旅途中学到各种人文知识。当然，绝大部分的大学生外出旅游都喜欢到一些比较神秘的地方，而且一般带有一定的社团组织性。大学生们年轻、有活力，对生活充满了好奇，他们需要走出校园，去看看外面的世界。

遍览名山大川，让你更爱祖国的辽阔资源；寻访名人古迹，让你深入了解历史文化的内蕴；在旅游中遇到困难，能够锻炼你社会生存的技巧；与人同行，能够增进你协调交流的意识。对于大学生而言，旅游并不简单只是一个"玩"字，而是在玩的同时，迈出了校门，走入了社会，体验了自然，感悟了人生，这才是一种真正的寓教于乐。

实践让你更加完善

培养几项爱好和特长

大学生业余爱好一直是社会和家长们非常关注的一个问题。随着时代的不断发展，如今的大学生已经不满足于在象牙塔内死读书本了。面对丰富多彩、五光十色的社会生活，他们更希望自己的某些兴趣特长和业余爱好能够得到进一步的发展，使自己成为多才多艺、全面发展的人。因此，在大学的四年中，你不妨试着去培养几项爱好和特长，那将更加有助于你人生和事业的成功。

邱虹云是被清华校长称为"清华爱迪生"的人才。从进入大学起，他就年年在学生课外科技作品竞赛上获奖。他的天分和成长经历颇有几分传奇色彩，可以说他是一个极其难得的发明家。当记者采访他的时候，谦逊的邱虹云回答说："我搞发明创造原先只是业余爱好而已。"

从邱虹云的创业轨迹来看，我们每一个大学生都应该受到这样的启发：大学中的爱好和特长是如此重要，因此如果你有什么业余爱好，千万不能轻易丢掉，说不定那个业余爱好就能改变你未来的人生。你丢掉了它就意味着丢掉了自己的人生。学工科的拥有十级钢琴证书，经常在学校的各种大型演出中登台亮相，引来无数的敬慕目光；学理科的热衷于写网络小说而且小有成就，如上海理工大学网名叫何员外的学生写出了《毕业那天我们一起失恋》的网络小说，出版后成为当年的畅销书；学理科的学生酷爱音乐作曲，组成乐队或组合，如清华大学的"水木年华"歌唱组合，成为活跃在歌坛的一对红人……凡此种种，不胜枚举。一般而言，通过多接触和多尝试你才能找到自己的最爱，而大学正是这样一个可以让你接触并尝试众多领域的独一无二的场所。因此，大学生应当更好地把握在校时间，充分利用学校的资源，通过使用图书馆、旁听课程、搜索网络、听讲座、打工、参加社团活动、与朋友交流、使用电子邮件和电子论坛等不同方式接触更多的领域、更多的工作类型和更多的专家学者，以慢慢发现和培养自己的爱好和特长。当年，如果李开复教授只是乖乖地到法律系上课，而不去尝试旁听计算机系的课程，就不会去计算机中心打工，也不会去找计算机系的助教切磋，就更不会发现自己对计算机的浓厚兴趣和爱好。

在大学期间培养一项业余爱好，并不一定要扔掉所学专业使业余爱好成为职业，但肯定会使你终身受益。

首先，业余爱好能在一定程度上反映一个人的性格、观念、心态。你是否活泼，是否喜欢集体活动，是否能够和团队合作，都会在业余爱好中体现。所以，有业余爱好的人更能引起用人单位的注意，这是招聘单位问这个问题的主要原因。因此，大三、大四的同学往往更希望能拥有一项独特的爱好，以增加自己的竞争实力。

其次，个别大学生对所学专业不是很感兴趣，却对业余爱好如痴如醉。他们有的将自己的职业生涯设计与业余爱好统一起来，最后将业余爱好作为自己的终生职业，有的还能干出一番事业来，这也是人生的一大进步。

最后，一个人如果能注意培养和发展自己的业余爱好，进行多方面的自我娱乐活动，就可能在寂寞孤独、烦闷忧郁时通过自我娱乐来缓解压抑的心情。每个大学生在大学阶段，最好能依据自己的性格特点和条件，注意培养和发展一些兴趣和业余爱好，学会自我娱乐，这对维护自身的心理健康是十分有益的。

共同的兴趣和爱好是你与朋友建立深厚感情的途径之一。很多在事业上有所建树的人都不是只会闭门苦读的书呆子，他们大多都有自己的兴趣和爱好。李开复在微软亚洲研究院时的同事中就有绘画、桥牌和体育运动方面的高手。业余爱好不仅是人际交往的一种方式，还可以让大家发掘出自己在读书以外的潜能。例如，体育锻炼既可以发挥你的运动潜能，也可以培养你的团队合作精神。文艺方面的业余爱好能够培养审美能力，锻炼美感，增加修养，熏陶品格。科技发明等业余爱好能开阔视野，活跃思维，发挥想象力和创造力，培养创新能力，锻炼分析问题和解决问题的能力。拥有广泛的业余爱好加上自身扎实的专业知识往往会使你变得充实丰富，更有才华。

如果一个人能得到"有才华"这样的评价，那么他一定会视其为褒奖之辞；如果在"才华"之后加上"横溢"来修饰，这样的褒奖之辞无论如何也算得上一个很高的评价了。如何让自己横溢的才华找到发挥的空间，是成功的关键。大学生朋友，请找准自己的人生目标，培养你的爱好和特长，铸炼你的能力，只有这样，你才能一步步向自己的理想迈进。

塑造人格魅力

要想成为一个综合型人才，你就必须注意培养自己的人格魅力，用自己的人格魅力去感染别人，得到别人的认可。所谓人格就是一个人的品质和道德观念，一个优秀的人一定是一个具有人格魅力的人。在大学阶段的学习和实践中，你可以尝试通过多种途径来塑造你的人格魅力。

一个人如果具有人格魅力，那么他就会有很强的吸引力，也会因此受到别人的信赖。但这种人格魅力的表现，绝不是对自己的炫耀。一个知识丰富的人所体现的是一种成熟稳重、有内涵的人格魅力，尽管他说得不多，可是他周围的人都会尊重他。相反，一个缺乏人格魅力的人，不管他在别人面前如何浮夸、炫耀自己，别人也只不过是一笑而过罢了。

周恩来总理去世后，联合国为他降半旗，这件事情在联合国是非常少有的，这引起了别的国家代表的抗议。他们说，他们的总统和总理逝世了，联合国也没降半旗，怎么中国的周恩来逝世了，联合国就降半旗？联合国代表是这样答复的："各位代表，中国是一个拥有10亿人口的大国，他们的总理周先生，掌管这么大的一个资源，但是在世界各地没有他个人一毛钱存款；周恩来先生没有子女，整个中国的孩子们就都是他的子女。你们哪个国家的领袖、元首、总理如果像他一样，联合国也给他降半旗。"周恩来总理在联合国里面被认为是一个很值得尊敬的人，所以他去世时联合国为哀悼这位深受世界人民尊敬的中国伟人而降半旗，这就是个人魅力。

现实生活中，我们都有这样的经验：有的人相貌平平，但这个人让你感到亲近，感到很有魅力；而有的人虽然衣冠楚楚、相貌堂堂，但给人的感觉是不可亲近，缺乏令人欣赏的特征。这是怎么回事呢？这让人想到人们常挂在嘴边上的一个词——气质。按照心理学的说法，气质是一个人在他的心理活动和外部活动中所表现的某些关乎强度、灵活性、稳定性和敏捷性等方面的心理特征的综合。气质高雅的人，他们身上散发出一种特有的"精神气"，使人不由自主地喜欢他们，愿意与他们接近并交往，这种人办事的成功率往往比较高。这种人的魅力所在就是人们通常所说的气质。

良好的气质是以人的文化素养、文明程度、家庭背景为基础的，同时，还要看他对待生活的态度。一个正直善良的人自然也是一个朴素、谦虚的人；一个对生活自信心强的人，总是精神振奋，给人以生机勃勃的感觉；一个在逆境面前努力奋斗的人，给人以自强不息的感觉，使人敬佩之情油然而生。

一般而言，与生俱来的气质类型是自身无法选择的，但是可以在不同的环境和教育影响下得到改造。拥有优雅的气质是渴求成功的人的目标之一。要培养优雅的气质，首先要根据自己的气质类型表现，自觉地、有意识地克服消极方面，发挥积极方面，形成自己以积极因素为主导的、稳定的、良好的个人气质风格，并坚定地成为自己气质的主人。

要想塑造你的人格魅力，以下几点可以帮助你进行合理"改造"。

1. 要学会谦虚

人为什么要谦虚？因为谦虚能让你学到更多的东西，而自以为是则会让你失去学习的机会。谦虚的人从不向别人夸耀自己，自以为是的人则会说："我什么都会，做什么都没问题。"谦虚的人会得到帮助和学习的机会，而自以为是的人却常常遭到拒绝。

我们不能因为暂时的成功就忘乎所以，因为今后你还会遇到更大的挑战。

谦虚的人能抵挡各种诱惑。他们从不自己炫耀自己，只会让事情顺其自然而不是勉强去得到什么。而不谦虚的人则会狂妄自大地去强求一些事情，其结果很可能适得其反，难免遭到失败。索福克勒斯说过："傲慢者的狂言妄语会招惹严重的惩罚。"

2. 用热情去感染别人

一个人只有把全部热情投入到学习中，才能在学业上有所成就。这种热情反映了一个人的心态。如果你有积极处世的心态，就会在做事的时候爆发出热情，反之则不一样。要想获得事业上的成功与生活的美满，你就要具有积极处世的心态，用你的热情去感染别人，消除消极心理给你带来的压力。

用你的热情去感染别人，那么你将是一个积极上进、具有感召力的人，别人会被你的热情所感染，逐步向你靠近。热情，这是很典型的一种人格魅力。

3. 做事果断

如果你做事果断，那么别人会因此而敬佩你，这也是你人格魅力的一种表现。果断的人在做事时从不为一些无关紧要的事情思来想去，而是干净利落地去处理。但有些人却总是会对一些生活中的细枝末节犹豫不决，生怕会因为他的决定而导致重大错误的发生，一旦真正遇到大事情时他就更不知道该如何是好、更加手忙脚乱。这样的人，别人怎么会愿意和他接近或者同舟共济呢？只有那些果断的人，才会让别人相信他并愿意和他共事。

4. 学会关怀别人

当你去关怀他人的时候，别人会得到温暖，你自己也会得到快乐。当你受到挫折时，别人一样会给你同样的关爱。关心他人是一种人格的关怀，关心别人会使你更加有吸引力，这种美比外在的美更能够打动人。

普洛丁有句名言："心灵本质如果不美，也就看不见美。"关怀别人会给人一种亲切感，别人在遇到困难时一定会想到你。并且因为你给别人带去了温暖，那么当你遇到困难时，别人也会主动伸出援助之手。关爱他人也是一种人格魅力的表现。

培养一种眼光

在大学的实践活动中，我们的能力不仅可以得到锻炼和提高，而且还可以从中不断培养自己一种看待问题的长远眼光。

金利来素以"男人世界"闻名，如今，这个"男人世界"的缔造者却告诉他的后辈，自己大学毕业后的第一份工作是给别人的孩子换尿布。

香港金利来集团有限公司董事会主席曾宪梓在中国人民大学与数百名大学生聊起就业这个热门话题时，建议"年轻人求职的眼光不妨放长远些"。

曾宪梓祖籍广东省梅县，幼年丧父，靠着新中国的奖学金就读于中山大学。1968 年，他带着母亲妻儿移居香港，起初做苦工、替别人带孩子，什么脏活累活都干过。后来他做起领带生意，每天必须卖出 60 条领带，才能勉强维持一家六口人的生活。

"在困苦中所做出的努力和克服的困难都是一笔财富，能比别人学到更多的东西，面对社会时会更有信心。"曾宪梓说起这段往事时感慨道，"这就像电脑中预存的程序，到用的时候就能调出来。"在他看来，现在大学生所欠缺的也正是这些积淀。

曾有一位学工商管理的内地大学生到曾宪梓那里求职，开口月薪不得少于 4000 元。曾宪梓随即提了几个小企业中常见的管理问题，这位大学生才发现，一肚子理论和全球 500 强的经典案例还不足以解决实际问题。

"我的儿子当初从英国留学回来，也想到公司任职。我就问他'怎样才算一条好领带'，他哑口无言。"曾宪梓说，"儿子后来去工厂里待了两个月，再说起领带来，头头是道。"

曾宪梓认为："每个人不妨先为自己创造财富，但当自己日子过得去之后，就该是回报社会、回报祖国的时候了。"

1978 年，事业刚刚起步的曾宪梓回到家乡建了一所学校，1992 年又捐资 1 亿港元设立教育基金。至今 20 多年里，曾宪梓为内地累计捐赠了 6.3 亿港元。

"我以前说过，只要我还在，金利来不破产，我对祖国的回报就不会停止。"曾宪梓说，"现在看来，金利来或许不会破产，但我终究会离去。不过，我的儿子将会把基金会办下去。"

12 年前曾宪梓被查出肾衰竭，现在每天都要去医院做透析，靠着机器维持生命。不过他却坚定地说："我不枉此生。"

当你踏出校门之前，是否也在考虑今后走向社会的定位问题呢？在迈出事业的第一步之前，我们不妨像曾宪梓先生所讲的那样，培养一种更加长远的事业眼光。这种眼光是你不畏艰辛地选择基层工作，不图回报地付出努力所支撑的一个信念力量，有了它，你便可以更加踏实地走好自己未来事业道路的每一步。

黄志明是土生土长的长沙人，他的父亲是一名养路工人，家中有 7 个兄弟姐妹。由于常年的辛劳和工作环境恶劣，他的父亲得了肺结核，身体状况极差。为了生活，在学生时代，每逢星期天，黄志明就在市场上卖小菜。两分钱一堆的小买卖，让他渐渐懂得了市场交易的手段和重要性。

进了工厂后，黄志明在业余时间跑业务，四处揽活，业务渐渐红火起来。但他遭到了同事的排挤，于是便下定决心独立创业。

创业说起来容易，着手做起来却是两眼一抹黑，连续几个月的尝试都失败了。之后，黄志明从信用社贷款 6000 元，从其他城市搞了几车饲料拉回长沙来销售。

就在这时，他抓住了赚钱的机会。黄志明从一些作坊里发现，油料粗加工后剩下的毛糠油常常被农民简单地消耗后丢弃，而凭着在市场上跑动的经验，他发现其中有着利益空间，但没有人愿意做进一步的加工和销售。"这里面有大钱赚！"黄志明当机立断。

在找到上线——长沙油脂化工厂后，他开起了傅家湾粮油贸易站，将毛糠油精炼加工后再返销。他四处奔波于各个粮站、米厂、食堂、办事处等单位，进行进货与推销。尽管事业在一年后意外受阻，但黄志明的点子和奔跑没有白费——赚了十几万元的原始资金，让他在1984年就盖起了3层漂亮的楼房，成了长沙市马王堆附近第一个私人的3层住宅，一时在当地引起轰动。

在黄志明的创业过程中，正因为他具备了一种长远的眼光，才能够不怕最底层工作的艰辛，一步步实现自己的理想。与黄志明的成长相比，我们现在的大学生们所生活的环境简直是太优越了，不仅不会为每日的生计而四处奔波，而且还可以在舒适的教室里学习知识。但是，恰恰正是因为没有了社会基层的艰苦磨炼，大学生的眼光才仅仅局限在校园的小环境里。因此，在你参加实践锻炼的同时，一定要记住培养一种长远的眼光，它将对你今后事业的成败起着决定性的作用。

当实践与学习"撞车"，该怎样权衡

玩出来的精彩

如果你能够在大学学习与实践两者之间，找出一个最佳的平衡点，在搞好学习的同时，也能在实践中"玩"出个花样来，那么，你的大学生活将会是多姿多彩的。

网络是年轻人的天下，网络是大学生的又一生存环境。大学里有许多同学迷上了电脑。有人成了游戏迷，玩得昏天黑地；有人成了网虫，流连忘返……这当中也有人玩出了精彩，玩出了事业。

在首届中国大学生电脑节南京地区网络应用大赛中，南京师范大学的胡易与其他两位选手密切合作，战胜其他各校高手，一举夺得优胜奖。在南京，提起胡易也许人们不熟悉，但要说起中国个人网站中的"网络驿站"，在喜欢游戏的网民中则无人不知、无人不晓。这个由胡易主持的网站总访问量已突破百万大关，日均访问量在 5000 人次左右，曾被评为首届中国十大个人网站和中国最好的游戏网站。

有些同学会以为胡易是学计算机的，其实，他是南京师范大学新闻与传播学院新闻写作专业的学生。但他对电脑痴迷，对电脑游戏有着浓厚的兴趣。平时除上课、做作业之外，他一有空就沉浸在电脑游戏之中。但他与一般的玩者不同，他肯钻，经常研究一些新奇的游戏软件，借助工具修改游戏中的各种数据，琢磨用"游戏克星"之类的工具修改游戏中的角色属性，以使自己很快通关，玩起来更刺激。1998 年初，胡易开始上网，同年 6 月制作了属于自己的第一版主页，并逐渐将主页定位于游戏网站。

玩中也有学问，只要会玩，也可以玩出精彩。遗憾的是，事实上往往是很多人玩不出精彩、玩不出名堂，永远只停留在玩的水平，并且因此耗费了大量的时间和精力，荒废了学业。

大学里像胡易这样迷电脑游戏、迷网络的人很多，但是真正能够像他一样把网络"玩"出名堂的却很少。有一个学生从上大学开始就玩电脑，一年下来多科不及格，被迫留级试读。但他仍然管不住自己，又玩了一年，学校劝他退学，他才如梦初醒，想到无颜见父母亲朋，竟选择了轻生的道路。同样是玩，结果却大相径庭。其实，玩也是一种实践，关键看你是否能玩出门道，玩得出色。

费尔斯曼是俄国著名的地球化学家、矿物学家，现代地球化学的奠基人。他的主要著作《地球化学》是世界上第一部系统阐述化学元素在地壳内运动和变化规律的著作，英国伦敦地质学会为此授予他一枚用金属钯制作的沃拉斯奖章。并且，他发表了 1500 多篇学术论文，写了大量通俗的科普读物。

但人们却不知，费尔斯曼是在"玩"中起步成才的。

费尔斯曼的童年是在风光秀美的克里木中度过的，那里面向大海，背靠陡壁悬崖。他与小伙伴们经常沿着陡直的山径，攀上峻峭的山冈，眺望神奇的大海，观看惊心动魄的日出和变幻无穷的风云，引发思驰千里的想象。由于住的地方靠近大海，他从小喜欢玩各种各样的石头。

一个偶然的机缘，他在附近的一所楼房里发现阁楼的地板上摆着一个积满灰尘的盒子，里面整齐地放着石头标本。这些石头标本形态、色彩虽然并不比自己搜集的石头美丽，但是每块上都贴着纸片，纸上有号码，有石头的名字等。他先是惊奇，而后有所感悟。他不再为了好玩收集石头了，而是开始找寻各种介绍石头的读物，认真阅读，学会辨认各种石头，了解它们的形态，从而对岩石矿物学产生了浓厚的兴趣。他不仅把搜集到的石头贴上标签，写上名称、发现地点、特点等，而且通过写信给亲戚和熟人，请他们寄些各地的石头来。

随着年龄的增长，费尔斯曼从玩石头到逐渐迷上研究石头的科学，立下了研究矿物学、岩石学和结晶学的志向。

玩可以促成我们产生理想，同时也开阔了我们的眼界。由于我们生活在一个开放的时代，所以在玩的过程中，我们既要扩大自己的兴趣范围，又要把持自己的方向。玩并不意味着我们可以随心所欲、毫无目标地玩，那种玩只会让我们在茫茫人生路上迷失方向、走上歧途，所以玩也要把握分寸。玩不等于毫无目的、毫无追求的沉迷，而应是一种由兴趣激发并不断进取的求知精神。具有求知精神的玩，可以把你引向一个更高的境界，这种玩才是有意义的玩，才是对我们有益的玩。

分配好时间

在学习与实践中，你还要分配好自己的时间。一个不懂得如何去经营时间的商人，那他只会面临被淘汰出局的危险。而如果你管住了时间，那么就意味着你管住了一切，管住了自己的未来。

为时间作预算、作规划，是管理时间的重要战略，是时间运筹的第一步。成功目标是管理时间的先导和根据，你应以明确的目标为轴心，对自己的学习与实践活动做出规划并计划好达到目标的期限。

有时你之所以学得不可开交，没有时间去参与一些社团活动，究其原因是由于你没有做好时间的分配，从而导致学习与实践两者都不能十分顺利地进行。如果能够拟订计划表，设定学习时间、休闲时间、娱乐时间等，你的学习与生活将会有条不紊地进行。

让我们来看一看比尔·盖茨的一个具体的周末假日行程表。

比尔·盖茨对周五很看重，每周五晚间从不痛饮迟归，从不影响周六的时间安排。

比尔·盖茨周末假日是从周五晚间到周一早上为止的时间，有将近3天的假期可以运用，他将它当作一个整体时段来加以掌握。

周六和周日，他基本上都是晚起，有时比平时晚起一两个小时也没关系，尽可能和家人一起共用早餐。其次，将周六、周日的上午定为主要进修时间，不足的部分排入周六、周日的晚间。周日晚间尽量不排计划只管就寝，周一早上提早起床。周末假日他将工作暂且抛诸脑后，好好地调剂身心，为下一周的工作养精蓄锐。

在大学生活中，实践就相当于你对学习压力的一种放松形式，它可以让你转换思维，获得其他能力和素质的提高。有些同学经常抱怨说："学习已经够紧张的了，哪有时间再去参加什么活动？"其实不然，只要你做好安排，事情照样可以很顺利地进行，即使时间再紧，也还是可以挤点出来的。因此，你在做时间分配的时候，首先应该把零散的时间利用起来，学会利用间隙时间。

1. 利用间隙时间

时间的"油水"是靠榨出来、挤出来的。时间的弹性很大，会榨会挤的人就会比别人得到更多的时间。

在等人、候车、旅行途中，在开会的间隙，当别人无所事事时，你就能榨出时间的"油水"，利用它读书看报、与人交谈、访问调查，你就会比那些不会"榨油水"的人获得更多的收获。居里夫人是个榨时间"油水"的高手。她在生了女儿之后，做母亲的责任占去了她许多科研的时间，为此她有时急得流泪。在家庭生活和科学事业之间，她不想丢弃任何一方。她每天洗衣、做饭、照料孩子、教育孩子，同时还要在实验室里进行一项最重要的研究。每天她都千方百计挤时间，既将家务劳动安排得井井有条，又榨出了搞科研的时间。她将大女儿培养成科学家并获得诺贝尔奖，自己也以"镭的母亲"摘取了诺贝尔化学奖的桂冠，成了一位有双重意义的母亲。

2. "套种"时间

植物套种能争得时令，夺取丰产；时间"套种"，则能够充分利用时间，有事半功倍之效。有一位男青年，面临工作、学习和家务劳动的矛盾，他就将家务劳动安排在学习的间隙时间，做到统筹兼顾、全面安排。他上一次街要几件事一起办，避免"单打一"。出差时，他总是带着几本书，火车站、旅馆都是他的学习场所。平时，他的口袋里总是放着小纸条，上面列着学习提纲，一有点滴时间，他就取出纸条，回忆学习的内容。

不少人采取一心二用的"套种"法。如有的学生一边走路，一边记外语单词；有的作家一边写作，一边收听广播或欣赏音乐；有的职业妇女一边与人交谈，一边做针线活；有的学者在乘车时构思自己的作品，在出差办事的同时，或顺便拜访名师，或查阅资料……这样的事例真是不胜枚举。善于"套种"时间的人，就比别人多争得了几倍的时间。

3．严格守时

惜时者必守时。守时是一种起码的处世道德，是对自己的约束，也是对他人的尊重，并且也是提高时效的一条法则。可惜在现实生活中，不少人并未认识到这一点，他们常常不按时赴约、上课、出席会议，使许多人因他的姗姗来迟而耽误了不少宝贵时间。

4．避开高峰

国外有一位多产作家肯·库帕，他总是严格控制自己，不在人多的时候参与活动，以免空耗时间。例如，避免排长队；避开乘车高峰，以免堵车浪费时间；他想上餐馆时，就趁大批人还没到时早点去餐馆；晚饭后去市场采购食品、杂货，正是购物的空当。他还总是乘坐中午起飞的飞机，因为那个时候跑道上和空中的飞机不多。他出门时绝不凑在上班或下班时间（他是自由职业者，平时不用去上班），因为只有街上行人不多时，汽车行驶起来才方便快捷。

5．充分开发业余时间

"人的差异在于业余时间。"这是爱因斯坦的见解。如果说在相同时间、环境下一起工作、一起学习，机遇相等，这样形成的差别并不是太大，而你如果利用自己的业余时间来学习的话，那将会使你更加超前一步。把时间安排好、分配好，你才能够做到学习、实践两不误。否则，没有一点计划和时间观念，往往最终导致两者都做不好。

由此可见，当你处理好实践与学习的关系时，两者会成为你进步的一个互补因素，在学好理论知识的同时又提高了具体的能力，并且实践也变成了一种有益于学习的方式。

别让实践影响学习

大学是一个丰富多彩的世界，各种各样的比赛、不同类型的社团以及许多集体活动，都向你敞开了欢迎的大门。

从高考独木桥上挤过来的大学生终于有机会投入到自己向往已久的实践锻炼中来了，但是没有目的和计划性的实践会慢慢地让他们与大学的美好时光擦肩而过。等有一天，大学生们蓦然回首，惊觉美好时光的流逝时，他们又不免痛心疾首，追悔莫及，这样又在内疚与自责之间虚度年华。然后当他们渐渐面临各种选择和挑战时，又开始紧张与不安。于是，他们休息娱乐时不能好好地休息娱乐，想学习时又不能完全地投入到学习中去，这样循环往复，于是实践影响了学习，自由也因此变成了困惑，甚至变成了痛苦。

一个女大学生宿舍，大一不到半年的时间里就举行了不下20次的"大型"集体活动。其中包括：每人一次共8次的生日晚会；专门聘请高年级的同学参加的交谊舞学习舞会；与"联谊寝室"礼尚往来的宴会、座谈会、见面会等活动，可谓丰富多彩。但是，玩也玩了，乐也乐了，事情一过，大家都不约而同地有了同样的感受：玩的时候想学，学的时候没劲儿。学也学不好，玩也玩不好，内心总有一种惶惶不安感，好像该宣泄的能量释放不出来，本想用娱乐的方式来释放却又变成了折磨自己。

在大学里，你可以自由地安排自己的业余时间，可以自由地参加各种活动，没有高考时的压力和束缚，但为什么反而有压抑的痛苦呢？因为有些大学生在上大学的时候，由于各种各样的原因，人生的奋斗目标已经开始朦胧起来了，过去的一切奋斗都是为了上大学，而上大学以后便觉得自己可以放松了，可以尽情地宣泄了。于是他们便把实践当成一种消遣放松的活动，不但没有学到任何有用的东西，反而让自己的心灵不停地受到理智的审判，这样就造成了大学生课余生活的压抑以及由压抑带来的痛苦。

大学生的课外生活是完全属于自己的，原本应该是轻松的、自由的：读以前没时间去读的小说，听喜欢的教授的讲座，参加一个适合自己的社团，踢一场以晚餐为赌注的足球赛，或者听听音乐，看看电影，上上网，逛逛商场，再或者约几个朋友到校外四处转转，甚至可以到很远的地方去旅游……但是，很多学生却不知道如何去支配它。自由时间如果支配得好，你可以学到许多东西，如果支配得不好，那么你往往会落入一个无法自拔的痛苦深渊。这一点有些大学生特别是刚入校的大学新生感受是最为深刻的。

大学新生一般自我控制能力较差，容易受别人的影响，有时会有意无意地模仿高年级学生的做法，诸如"他们玩我也玩"，"他们谈恋爱我也谈恋爱"，久而久之便失去了自控能力。有的大学生经受不住暂时失败的考验，因为一次考试成绩落后就一蹶不振。还有的大学生受到社会不良风气的影响，看到"搞导弹的不如卖茶叶蛋的，拿手术刀的不如拿剃头刀的"这种所谓的知识贬值现象，便觉得读书无用，滋生厌学情绪，导致学习动力不足。最终，这些人不仅对学习失去兴趣，而且还误以为实践活动便是放松，于是找个社团、协会参加，为自己逃课、不学习找一个充分的理由。

明白了实践影响学习的诸多原因之后，你就要好好反思一下，问问自己是否把实践也当成了一种学习的锻炼。而在参加实践之前，你最好还是先把学习搞好，因为学生毕竟还是要以学业为重。

在实践中赢得学习的观念

俗话说"读万卷书，行万里路"，一个有较多学识和丰富经验的人，必然是在学习和实践中都获得了提高。同时，也只有把理论与实际联系起来，学以致用，善于利用知识处理各种问题，才能获得真正的成功。丰富的经验是成大事者不可或缺的资本，但是大学生们由于涉世未深，他们的经验一般较少，这就要求他们不但要注意书本知识的积累，也要注重现实生活中经验的积累。

如今人们已经认识到，知识并不等于能力。21世纪对能力界限的新要求迫使人们重新审视自己所学的知识。但不管时代怎样发展，我们都应保持清醒的头脑，清晰明了地理解知识与能力的关系。

培根的"知识就是力量"提出以后，又明确地指出："各种学问并不把它们本身的用途教给我们，如何应用这些学问乃是学问以外的、学问以上的一种智慧。"也就是说，有了同等的知识并不等于有了同等的能力，掌握知识与运用知识之间还有一个转化过程，也就是学以致用的过程。因此，我们在实践中不仅要学习一些更为实际的东西，而且要赢得一种学习的观念。

斯蒂芬逊是英国蒸汽机车的发明者，他生于纽卡斯尔的一个矿工家庭。他当过工人，不过他坚持自学，积极进行创新实践，掌握了蒸汽机原理。经过多年的刻苦钻研，他于 1814 年制成能牵引 30 吨重量的蒸汽机车。1825 年他设计制造了世界上第一台客运机车"旅行号"，并首次试车成功，开辟了世界陆上运输的新纪元。从此，火车开始正式应用于各国交通运输事业。那么，斯蒂芬逊是怎样发明蒸汽机车的呢？

他出生于穷困的矿工家庭，全靠当煤矿蒸汽机司炉工的父亲的微薄工资维持生活。他 8 岁那年就不得不给人家放牛。他从小聪慧好学，有强烈的求知欲，经常利用给父亲送饭的机会观察轰隆作响的机器是由哪些东西组成的，探究这些机器为什么会运转。放牛时，他就用泥巴做蒸汽机，蒸汽机有锅炉、汽缸、飞轮。他做了一遍又一遍，并且做得越来越逼真。这既培养了他探究蒸汽机的兴趣，又发展了他创新实践的操作能力。

在斯蒂芬逊 14 岁时，他当上了梦寐以求的见习司炉工。从此，他可以整天观察、探究蒸汽机了。斯蒂芬逊会生火加煤，发动蒸汽机，给蒸汽机擦洗油污，了解机器的部件。一个周日的下午，工人师傅都下班回家去了，他借口清洗机器零件，把蒸汽车全部拆卸开来，仔细探究机器内部结构，然后再重新装配好。这是他第一次拆装整台机器，既高兴又担心，生怕自己装配有问题。他一夜没有睡好觉，第二天天刚蒙蒙亮，他就赶到煤矿，怀着紧张的心情生火加煤，发动机器。机器正常地运转起来了。他在庆幸自己拆装成功之余，萌生了自己发明一台更好的蒸汽机的想法。于是，他模仿拆装过的蒸汽机大胆画了张草图，送给煤矿的总工程师看。总工程师看了大为赞赏地说道："好孩子，有志气。希望你多读书，多掌握科学知识，将来发明一台更好的机器。"

总工程师的鼓励使斯蒂芬逊更加努力地学习科学知识。他晚上坚持到煤矿夜校上课，充分利用空余时间刻苦自学。功夫不负有心人，他掌握了许多科学知识，成为一个机械修理工。一次，煤矿的一台蒸汽机突然发生故障，总工程师和机械师们都毫无对策。斯蒂芬逊不顾机械师的蔑视，毅然请求总工程师允许他试一试。待总工程师允许后，他镇定自若地拆卸零件，仔细地检查和矫正每个部件，熟练地把机器装配好。排除故障后，蒸汽机又正常运转起来了。

看了斯蒂芬逊的故事后，你会明白这样一个道理：学习与实践并不是相互分离的，相反，它们是有机结合在一起的。实践与学习也没有谁先谁后之分，只有不断地学习才能促进实践发展，而当实践缺乏理论指导时，你便又要回到学习中。正是在这样一个学习—实践—不断学习的模式推动下，你才能不断地获得提高与进步，这也正是在实践中赢得学习观念的重点所在。

决定前的准备：测试你的综合素质

这是一份关于大学生学习能力及综合素质的自我诊断量表，从 (1) ~ (20) 各项中，请你根据自己的实际情况，逐一对每个问题做"是"或"否"的回答。为了保证测验的准确性，请你照实作答。

(1) 如果别人不督促你，你极少主动学习。

(2) 你一读书就觉得疲劳与厌烦，只想睡觉。

(3) 当你读书时，需要很长的时间才能提起精神。

(4) 除了老师指定的作业外，你不想再多看书。

(5) 在学习中遇到不懂的知识时，你根本不想设法弄懂它。

(6) 你常想：自己不用花太多时间，成绩也会超过别人。

(7) 你迫切希望自己在短时间内就能大幅度提高自己的学习成绩。

(8) 你常为短时间内成绩没能提高而烦恼不已。

（9）为了及时完成某项作业，你宁愿废寝忘食、通宵达旦。

（10）为了把功课学好，你放弃了许多感兴趣的活动，如体育锻炼、看电影与郊游等。

（11）你觉得读书没意思，想去找个工作做。

（12）你常认为课本上的基础知识没啥好学的，只有看高深的理论、读大部头作品才带劲。

（13）你平时只在喜欢的科目上狠下功夫，对不喜欢的科目则放任自流。

（14）你花在课外读物上的时间比花在教科书上的时间要多得多。

（15）你把自己的时间平均分配在各科上。

（16）你给自己定下的学习目标，多数因做不到而不得不放弃。

（17）你几乎毫不费力就实现了自己的学习目标。

（18）你总是同时为实现好几个学习目标而忙得焦头烂额。

（19）为了应付每天的学习任务，你已经感到力不从心。

（20）为了实现一个大目标，你不再给自己制订循序渐进的小目标。

结果：

上述题目可分为 4 组，它们分别测查你在 4 个方面的困扰程度：（1）～（5）题测查你的学习动机是不是太弱；（6）～（10）题测查你的学习动机是不是太强；（11）～（15）题测查你的学习兴趣是否存在困扰；（16）～（20）题测查你在学习目标上是否存在着困扰。

假如你对某组（每组 5 题）的大多数题目持认同的态度，则说明你在相应的学习欲望上存在着一些不正确的认识，或存在一定程度的困扰。

从总体上讲，回答"是"记 1 分，回答"否"记 0 分，将各题得分相加，算出总分。

总分在 0～5 分，说明学习动机上有少许问题，必要时可调整。

总分在 6～10 分，说明学习动机上有一定的问题和困扰，可调整。

总分在 11～20 分，说明学习动机上有严重的问题和困扰，需调整。

第 **5** 个决定
管理金钱，是你理财，还是财"离"你

理财必须花长久的时间，是马拉松比赛，而不是百米冲刺，越早培养越占优势。我们从学生时代就应该开始培养理财观念，当它慢慢成为一种习惯时，财富也会格外眷顾你。

扫码获取
更多资源

感性消费还是理性消费

生活费都花到哪里去了

眼下的校园、社会太丰富多彩了。上网要钱，逛街要钱，同学开生日聚会要钱，周末郊游要钱，考计算机证也要钱……如果不花钱，你就什么都做不了。

因此，在宿舍中常常会听见这样的抱怨："家里刚刚给打到卡上的生活费，几天之间就不知道花到哪里去了！"那么生活费到底花在哪儿了呢？

一般来说，校园生活与住家的生活有着很大的差异，衣食住行各个方面都会呈现出不同的特点，需要的花费和支出也大不一样。大致地说，普通大学生在饮食上的花费占到了总支出的 40%～50%，购买衣物 20%，学习费用 15%，通讯和休闲娱乐的占比在 15%～25%，每个月花费的平均水平在 400～600 元。以上是必需的生活支出，还有些意外项的花费也是需要考虑的，如提议已久的同学聚会，学长推荐购买的学习资料，攒点零花钱给外公买一份生日礼物等。

诸如此类，你的生活费其实就花在了你的日常生活中，忙碌的你是否都注意到了呢？

每当月底的时候，寝室里抱怨经济危机的声音就不绝于耳：

"最近比较烦，比较烦，比较烦，

总觉得钞票一天比一天难赚，

朋友们常有意无意调侃，

也许我有天该改名叫'周转'……"

"父母每月给我 500 元钱作生活费，平均下来，一天 16 块多，按理说，在学校食堂吃三顿饭绰绰有余了，还能吃得不错。可是，我的日子却过得很狼狈，经常是上半月滋润，下半月拮据，有时还得找同学借钱，拆东墙补西墙。老实说，我不化妆，也不怎么穿名牌，而且衣服都是爸妈额外给钱买的，和同学聚聚餐、逛逛街，也谈不上多么铺张浪费，可我就是不知道把钱花到哪里去了！"小凯一脸委屈地说着。

知识就是力量，知识就是财富，很多大学生通过自己的专业知识或者一技之长让自己先富起来的，然而，有了挣钱的能力，并不代表你就跨入了"富人"行列，不会理财，照样会过穷日子。

也许你是一位刚刚入学的新生，走进大学生活要管理自己一学期甚至一学年的生活费用，第一次管理这么多的钱，自然会出现一些问题。而如何才能把家里给的或自己所挣的有限的钱进行合理的管理，让它们充分发挥出应有的价值呢？做一个合理的筹划管理是非常重要的。

为攀比而节衣缩食

成熟的人绝不会为了面子"装阔"。然而，在生活中我们发现，越是没钱的人，却越爱装阔。这似乎是个心理问题。因为没钱的人容易产生抗拒心理，他们内心常在交战："我只能买这种便宜货吗？"自卑感便油然而生，更因顾虑到别人的眼光而忐忑不安。所以当他们面对一件商品时，往往考虑虚荣比考虑价格的时候多，没钱的自卑感像魔怪一样缠得他们犹豫不决，最终屈服于虚荣，勉强买下自己能力所不能及的东西。于是，社会中有了一种怪现象，越穷的人越不喜欢廉价品。

如今的大学生中似乎也存在着这样的一种现象，他们虚荣心极强，爱装阔，自己手里没钱，便想尽办法节衣缩食从生活费中省出钱，去购买自己能力所不能及的东西。其实，仔细想想，学生求学阶段就应当过一种清心寡欲的生活，这样才能把心思和精力放在学习上。而人的虚荣心是永远无法满足的，在大学时期，如果倾尽所有的能力去追逐那些并不现实的东西，只会跳进一个恶性循环的"怪圈"中。

有一位身兼数家大公司董事长的人，他从来不在乎别人对他的称呼——"小气财神"。他和朋友去餐馆吃饭时，大都点一些便宜菜，并不讲究要好菜，以显示自己的财富。有些人则不行，本来自己没有多少钱，却怎么也不敢潇洒地点那些便宜菜，担心招来轻蔑的眼光。

如果你再留心看那些成功的百万富翁，他们的穿着打扮大部分都是很随便和俭朴的，有的真是近于"邋遢"，不认识他们的人很难相信他们拥有巨额的财富。

年轻人往往是最爱虚荣的，一个刚赚了一点钱的小伙子，却非要请女友吃高级餐，入高级舞厅。有些只租得起小房间居室的年轻人，却非要倾其所有买一部汽车带着女友兜风。试想，这样的年轻人又怎能不穷呢？越装阔越穷，越穷越装阔，如此便形成了一个跳不出去的贫穷的恶性循环。为什么不能潇洒一点呢？大学生更应该这样，人穷志不能穷！

小周来自四川，虽然父母都有工作，但收入并不高。刚入学那会儿，小周生活上很节俭，每个月三四百块钱就够了。可是，这种日子过了不到一年就完全变了样，小周看到同学们个个都"名牌"在身，要么是名牌表，要么是名牌包，要么是名牌鞋，他开始羡慕起来、自卑起来。羡慕和自卑加起来达到一定的程度就演变成了一种强烈的欲望，他认为只有自己也跟上潮流，才不会被同学瞧不起。为了满足自己的这种虚荣心，小周开始频频向父母伸手要钱"武装"自己。

小周首先以联系兼职为由向家里要钱买了一部手机。有了手机后和别人联系就多起来，同学、朋友相聚次数也多起来，钱自然花得也就多了，过去一个月的生活费现在只能勉强维持半个月，后半个月不得不伸手再向父母要钱。父母不愿意让儿子在同学面前丢面子，宁肯自己省吃俭用，也尽量满足儿子的需要。后来小周的花销越来越大，父母给的钱已经不能满足他的胃口，于是他就在生活费中积攒，把父母给他补营养的钱全部用来买东西。今天买复读机，明天买电脑，半年之后，他的"装备"已不仅仅可以用"先进"来形容了，各种名牌服饰、手表、手机、MP3、CD机等一应俱全，电脑配件也在随潮流不断更新。但在吃上，他却十分"节俭"，每顿只吃馒头和咸菜，一学期下来，整个人骨瘦如柴。

针对很多大学生过分攀比的消费行为，北京大学的一位教授说，即使家庭条件好的大学生也不应该在消费水平上"紧跟潮流"，一个人的精力毕竟是有限的，如果在享受上处处事事地"紧跟"，在学习上肯定就不能科科门门"紧跟"了。一旦出现这种状况，势必直接影响到大学生的成长。如此"紧跟潮流"还会在大学生中间引发相互攀比的心理，你有手机我也要有，你有电脑我也要跟上。如此一来，一些大学生逼着家长为自己置办这些能"紧跟"的"行头"，以使自己在与同学们"过招"时不处于下风。如果相互之间在比较"行头"时和花费在这方面的精力超过了一定比例，必然会影响到他们的正常生活和学习。

被誉为日本经营之神的松下幸之助认为，一个人不能当财产的奴隶。他说："财产这东西是不可靠的，但是，开创一份事业又必须有钱。在这种意义上说，又必须珍视钱财。但珍视与做奴隶是两回事，应该正确地对待。否则，财产就会成为包袱——看起来你好像是有钱了，实际上这却使你受到牵累，做金钱的奴隶是人生的悲剧。"

"钱不是万能的，但没有钱是万万不能的。"很简单的一句俗语却巧妙地阐释了正确的金钱观：大学生朋友们处在人生观、价值观日渐成熟的时候，应该重视金钱在你生活中所起的作用，但是不能为了金钱而迷失自我。

错把明天的钱拿到今天花

大学生消费更多的是一种预期消费，很多大学生喜欢把明天的钱拿到今天来花。如果对自己的未来比较有把握，预支一点也无妨，但是在大学生现有的经济能力下，还是应该量力而行，防止超前消费成为过度消费。因此，你在大学生活中，一定不要陷入这种盲目消费的陷阱中。

在实际生活里，没有其他事情会比你无法偿还预支的金钱更使人伤心或使人讨厌的了。

从表面上看，这是个人行为，但从更深的意义上说，消费心理、消费意向、消费意识、消费嗜好是一种精神文化现象。大学生中最无法控制的消费就来自攀比，没手机的要添置手机，有手机的要换更好的；没电脑的要装电脑，有电脑的要不断升级；服装消费攀比，生活用品攀比，如此一来，花钱就像流水一般。对于这一行为，许多大学生以为是一种潇洒的举动，他们不仅毫不看重预支金钱数额的多少，而且还十分得意地夸耀自己的做法很聪明。有一个"寅吃卯粮"的成语故事，说的就是这种入不敷出的尴尬现象。细水长流、精打细算不但能使生活有所保障，而且还可以将余下的钱存起来以备将来的不时之需。

年轻的大学生可能在精打细算、有备无患方面的感受不是特别强烈，其实，从父母这辈人身上，我们无时无刻不感受到这种忧患意识的存在。若常把明天的钱拿到今天来花，不仅使生活缺乏一种安全感和稳定感，还会使将来的生活也陷入疲于应付的窘境之中。因此，大学生在管理自己的钱财的时候一定要制订出长远、合理的消费计划，不要只顾眼前一时的痛快而过度消费。

大学生消费中的两极分化

近几年来，供养一个大学生的成本翻了好几倍，一方面大学学费不断上涨，上涨幅度高达 50%，普通大学生学费从前几年的 3700 元涨到现在的 5500 元左右；另一方面，受商品经济冲击，高档消费走进校园，破坏了读书氛围，引起大学生互相攀比的现象。而大学生也成了很多商家眼中的肥肉，因为他们容易接受新鲜事物，喜欢标新立异，不少商家正是抓住他们的这种心理大做文章。但与此同时，在大学中还存在不少贷款上学的贫困学生，他们靠勤工俭学挣取生活费，生活低调而俭朴，因此，学生中的贫富差距加大，拉开了学生的消费层次。如果学生的消费得不到有效控制的话，将干扰他们正常的学习生活。

小吴来自陕南山区农家，全家务农。由于他申请了助学贷款，暂且不用为每年的高额学费发愁了。全家仅千元的年收入和他平时勤工俭学的收入，可基本保证其每月 200 元左右的生活费。为保证即将到来的英语四级考试顺利通过，小吴咬咬牙将一个月的生活费全部用来报名参加了辅导班。眼看放暑假了，小吴已经找了两份家教，估计一个暑假能赚 700 多块钱，下学期只要家里供给一小部分，生活费的问题就基本解决了。在小吴眼里，生活费的完全意义就是"吃饭的花费"。两年来，除了大一入学时家里给他买的一双 30 元的皮鞋，小王所有的衣服、鞋子都是亲戚送的。

与小吴的生活状况截然相反的郑丽则是某大学国际贸易专业的学生。郑丽的父亲是个私企老板，拥有千万资产，家庭条件十分优越，钱在她手里像纸一样，想怎么花就怎么花。刚入学时，郑丽为了向同学们表示友好，给全班 17 位女同学每人一套化妆品，13 位男同学每人一块手表，共花了 8000 多元。后来她过生日，又邀请十几位同学到泰山 3 日游，费用她一人全包。

郑丽说，她花钱从来不算账，具体花多少钱从来不知道。在人民大会堂上演的《大河之舞》，票价 700 元，她去看了两次。为了品尝成都小吃，她早起坐飞机去，中午吃顿饭，下午飞回来，来回 10 多个小时，不影响第二天上课。几十元一本的时装杂志，她每个月都要买好几本。她的名牌化妆品和衣服更是数不胜数。买衣服，她一般喜欢去 Balina Apple 这样的专卖店，几百元、上千元不等，几千元的也有，她笑着说她只看牌子和样式，就是不看价钱。她的化妆品都要用"兰蔻"、"欧莱雅"等世界名牌。手机则要用最新款的。刚买的摩托罗拉手机不到半个月，LG 的新款手机一出来，她马上就去换，花了 4250 元。电脑是手提的，原装 IBM。她出校门从来都是打的，也不知道在哪儿坐公交车。她说："父亲有钱，喜欢给我花。从另一种意义上来说，花钱也是服务于社会嘛。"谈到特困生，郑丽也是一脸坦然，她的理论是："贫困不是他的错，富裕也不是我的错，我不是不同情他们，而是无法同情，太多了。再说，如果他们羡慕这种生活，就会去努力，去想法改变现状，这才是解决贫困最根本的方法。"

照郑丽这种生活方式，四年大学上下来，少说也得 40 万。40 万是一个工薪阶层一辈子工资的总和。

大学生消费两极分化给我们这样一个启示：有时，金钱的光芒过于闪耀，以至于刺痛人的双眼，让人看不清其他东西。大学生如果战胜了自己，战胜了人性中的贪婪，就赢得了自己的生命。在这个过程中，他的心灵也会获得重生，开始明白金钱有时没有任何价值，相反会成为负担。只有看透这一点，大学生们才会更多地关注生命中宝贵的情感和事物。

理财，当好自己的小管家

别为钱所困

金钱能够使人过得舒适、自由，但是大学生一旦钻到钱眼里，就会束缚其价值观念。令人沮丧的是，金钱的诱惑常常与手头拥有的数目直接成正比例：你拥有越多，就越想要。正如亚里士多德对那些富人们所描写的那样："他们生活的整个想法，是他们应该不断增加他们的金钱，或者无论如何不损失它。"尽管亚里士多德不可能喜欢那些财富获得者，然而他没有完全谴责他们。"一个人的美好生活必不可缺的是财富数目，财富数目是没有限制的。"他的话警告我们，一旦你进入物质财富领域，就很容易为钱所困，从而迷失你的方向。

在古代神话里，说某个国家中有一群仙子，她们能干仆役的事情，照顾家务，打扫房屋，有时还兼管花园。其中有个仙子给一个小康之家管理花园。她干活不声不响，相当熟练，热爱主人、主妇，还特别爱那个花园。她工作非常卖力，主人对她很满意。尽管她和她的同伴不一样，轻盈而飘忽，但为了更好地表明她是个忠实的仆役，她始终住在主人家里。其他仙子对她百般诽谤，以至于仙子的上司很快下令，把她调到挪威的最北部，去照料一所终年被雪覆盖的房屋。

动身前，仙子对她的主人说："我不知道犯了什么错误，别人逼着我离开你们。在这里，我只能再待很短的一段时间，一个月，也可能是一星期。请你们抓紧时间说出三个愿望，因为我能实现你们的三个愿望，不过只能是三个。"

主人和主妇合计了一下，第一个愿望就是要求财富。果然，立即便有大捧大捧的金钱装满了他们的箱子和钱柜，仓库里全是麦子，地窖里全是酒，一切都装得满满的。但是，有了这么多财物怎样来管理，该设立多少账本，耗费多少心血和时间，两人都感到十分为难。还有小偷要来算计他们，王公大人要来借贷，国王要来征税，更是令这对可怜的夫妇感到痛苦。"快来帮我们摆脱这些因钱财而引起的麻烦吧，"他们两人请求说，"穷人是多么幸福，贫困远远胜过财富。走开，财富，快走！而你，贫穷女神，快回来吧。"

说完这些话，贫穷女神就回来了，财富也真的全走了，他们重新获得了平静和安宁。

最后，他们在仙子动身前的某一恰当时刻，请求她满足第三个愿望——给他们智慧。他们已经明白，这才是一种从不引起麻烦的财富。

钱太多有时也会成为我们的一种负担，许多人在拥有了金钱之后便任由自己的恐惧和贪婪之心来支配自己，这是无知的开始。

有的人进了大学，而且受到很好的教育，他也因此得到了一份高薪的工作。但他还是为钱所困，原因就是他在学校里从来没学过关于钱的知识。而且最大的问题是，他相信工作就是为了钱。大多数人期望得到一份稳定的工作，为了寻求稳定，他们会去学习某种专业，拼命为钱而工作，结果成了钱的奴隶，然后把怒气对准他们的老板。钱是一种力量，但更需要有理财的技能。如果你了解钱是如何运转的，你就有了驾驭它的力量，并开始积累财富。光想不干的原因是绝大部分人虽然接受了学校教育，却没有掌握钱真正的运转规律，所以才会被钱所困。大学生可以通过理财来提高驾驭财富的技能，使财富真正为我所用。

给自己一个经济上独立的机会

一个人要想在事业上有所建树，就必须先学会在经济上独立，只有这样才能使你不断走向成功。有这样一个故事。

古时候有一个读书人，名字叫陈廉。同乡的一个有钱人见陈廉为人正直、诚实，就决定把女儿许配给他做妻子。于是陈廉就和富人的女儿结婚了。

那个富人有一个儿子，但品行不端，经常赌博，还时常出入城里的酒楼和妓院，挥霍家里的钱财，败坏家里的名声。富人用尽了办法，还是不能使儿子悔改，后来他把儿子赶出了家门，和他断绝了父子关系。

富人后来得了重病，陈廉和妻子尽心照料他，给他请医生、买药熬药，可就是不见好转。有一天，富人把陈廉叫到床前，对他说："我这人命苦，虽然有万贯家财，可是我儿子不争气，我不得不另找一个财产继承人。我暗中观察你很多年，觉得你人品不错，就决定把这个家托付给你。我怕是活不了几天了，今天我就把家里的事交代一下，这样我死也就安心了。"

于是，他让管家拿出账本和家里的金银财宝，一样一样讲给陈廉听。陈廉一一记下，还答应一定帮他管好家里的事。

很多年以后，陈廉去城里办事，看见一个乞丐正跪在马路边要饭，仔细一看，原来是富人的儿子，就走上前问："你能浇灌菜园吗？"

富人的儿子回答："如果浇灌菜园能让我吃饱的话，我愿意。"

于是陈廉就把他带回家，让他吃了一顿饱饭，然后就让菜农教他灌溉菜园子。富人的儿子很认真地学，不久就已经做得很好了。陈廉觉得富人的儿子正在一点一点变好，想给他一些新的工作，就问他："你能管理粮库吗？"

富人的儿子说："能够浇灌菜园子，我已经很满足了，这是我第一次靠自己的劳动吃饭；如果能管理粮库，我是多么幸运呀！"

此后，富人的儿子很认真地管理粮库，从没出过任何差错。于是陈廉就教他管理家里的账目，富人的儿子不久也学会了。陈廉觉得富人的儿子已经能够独立管理家里的一切事务了。

有一天，陈廉对富人的儿子说："你父亲临死的时候，托付我帮他管理家里的田产、财物，现在你回来了，也学会独立做事了，我想我该把这个家还给你了。"

富人的儿子接管了家里的事以后，勤俭持家，还经常帮助村里的穷人，成为乡里的一个好人。

大学期间，你开始走向生活的独立，这种独立不仅使你的自理能力得到了增强，而且还包括你经济上的独立。这种独立主要体现在以下几个方面。

1. 通过理财，提升自己的价值

大学时你可以用"我是学生"的理由伸手向家里要钱，但一旦毕业，你就必须自谋生路。这意味着你必须在大学毕业前就为自己将来的生计做打算。最有效而且是最实际的打算莫过于提升自己的价值。换言之，就是努力广泛而深入地学习，力争使自己与同龄人相比，拥有更好的技术、更大的能力、更专业的知识、更丰富的社会活动经验乃至掌握很少有人会的技能。只要你能创造出为更多人所需要的东西，你就为自己将来赚更多的钱储备了资本。有位诗人说过，"只是海燕的子孙并不能搏击风浪。"同样，上了大学并不意味着你就能在将来找到既体面又收入不菲的工作。没有大学里自身综合素质的提高，到头来，你依然有被社会淘汰的危险。也许这个观点与大学里的理财锻炼有点相距甚远，但却是你在大学里必须予以足够重视的。因为让自己更有价值是你将来在社会上安身立命的根本，也是你管理自己财富的前提——保证自己的基本收入。

2. 通过理财保持自尊

自尊作为一种尊重自己、不向别人卑躬屈膝的思想品格，对于做人很重要，对于理财也很重要。在现实生活中，金钱最容易让人失去自尊，而去做违背自己内心道德准则的事情。正所谓"人为财死，鸟为食亡"，很多人为了金钱和财富而出卖了自己的良心，要么尔虞我诈，要么贪污受贿，要么自私自利，要么坑蒙拐骗，最终被金钱毁掉了自己的名节和前途。因此，在理财时，你应该与金钱友好地相处，在金钱面前保持自尊，不出卖自己和应有的原则。这样，金钱也会尊敬你，保证你最终取得事业上的成功。

只有在理财的过程中做到以上两点，你才算获得真正意义上的经济独立。

树立储蓄观念，培养财商

俗话说，"吃不穷，穿不穷，不会计划一生穷。"每个月至少保留收入的一成储蓄起来，这是个人理财最重要的原则。大学生还在求学阶段，并没有任何经济来源，那么还该不该储蓄呢？

虽然你没有经济收入，但父母给你的生活费却是一笔数目不小的资金，你可以在作计划的时候拿出一部分来，把它存在银行里。

大学生懂得金钱的价值，树立储蓄的观念，学会如何打理金钱，将会更好地适应未来经济生活的需要。

美国有一本畅销书叫作《钱不是长在树上的》，这本书的作者戈弗雷在谈到储蓄原则时指出：我们可以把自己的零花钱放在 3 个罐子里。第一个罐子里的钱用于日常开销，购买在超级市场和商店里看到的"必需品"；第二个罐子里的钱用于短期储蓄，为购买"芭比娃娃"等较贵重物品积攒资金；第三个罐子里的钱则长期存在银行里。由此可见，储蓄是一种长期稳妥的理财方式。

大学生朋友可以去银行开一个户头，当你在存单或存折上见到自己的名字时会感到自己长大了。银行储蓄的另一个好处是，它能使我们充分理解钱并不是随便就可以从银行里领出来的，而是必须先挣来，把它存到银行里去，以后才能再取出来的，而且还会得到多出原来所存入的钱的利息。在每个学期之初，父母一般会给你一学期的生活费，因此，你可以先把这笔钱存进银行。

随着现代金融业和服务业的不断发展和完善，银行开始提供越来越周到细致的服务了。邮政储蓄、异地存取、自动提款机（ATM）、信用卡等都让你的理财变得更方便、更快捷。把钱存入银行很安全，你不但不必担心自己的钱被盗走，而且还使它升值，并能通过这种方法规范你的消费习惯。如果把钱存成活期的话，你还可以随时从银行取回自己需要用的钱。这样会避免你把很多张钞票放在钱包或口袋里，情不自禁地向外掏。另外，如果把钱存在银行，那么你在花钱时就要想一想该不该去取钱。

储蓄的观念和习惯不是在一朝一夕养成的，如果在进入大学之前，你对储蓄的概念以及具体操作还不太了解的话，下面我们将教你怎样进行储蓄。

1. 自己决定应该存多少钱

虽然我们能从生活费中拿出一定比例的钱来存，所存的钱会随时间的不同而有所不同，但重要的是我们在拿到钱之前，就要先建立储蓄的习惯。

2. 储蓄优先原则

我们和大人一样，都会把储蓄这件事延后再做，结果到最后才发现自己没钱可存了，所以我们应在做其他事之前先把钱存起来。在每学期刚刚开始之时，我们就应将自己的生活费存到银行，并用自己的名字开一个"账户"，让我们有自己的"存折"并妥善保管。你应该意识到，把钱存到银行里，不是银行把钱"拿走"了，而是把钱安全地存放起来，并使之有所增加。

3. 为特定的购买目标设定期限

如果我们要存钱买电脑的话，可找来一张你想买的那个电脑的照片，然后在上面写上希望购买的日期。用磁铁把照片钉在你寝室的床头或放在一个醒目之处，以便能时时看到自己的目标。

4. 掌握一些"自我存钱"的技巧

每周存下部分的零用钱；将所有在节庆时长辈给的钱都存起来；少花点钱在自己身上，多做些额外的有意义的活动；在有时间把钱花掉之前先存起来。

做到以上4点之后，你便具备了一定的储蓄能力，不知不觉中你会发现，你的财商也开始在你打理钱财的过程中慢慢提高和进步了。

教你如何打理钱财

学会理财对穷人和富人都有重要意义，不可忽略。富有的人，要考虑怎样把每笔钱都花在有意义的地方，不能泛滥和纵欲，要合理安排；不够富有的人，则要想办法用仅有的钱把生活安排得多姿多彩。

在大学阶段，无论我们手中的钱有多少，都要慢慢学习理财，因为这不仅是我们大学时必须掌握的一种能力，更是为我们以后走向社会做进一步的准备。

理财，简而言之就是"处理钱财"。理财方法的正误与理财能力的高低，决定了财富的多少。缺乏正确的理财方法与较高的理财能力，拼命赚钱也好，省吃俭用也罢，都不会富起来。

不少人将富人致富直接归因于他们生来富有、创业成功、天资聪颖、比别人勤奋或是比别人幸运，但是，家世、创业、聪明、努力与运气并不是致富的所有原因。生活中的不少有钱人，他们并非出生在有钱人家，不是什么巨资宏商，也不见得比别人聪明，并且学历也不是很高，但他们却富起来了。靠什么呢？靠的就是他们较强的理财能力。

台湾理财专家黄培源对大量较富者进行研究后发现：有钱人1/3是天生的，1/3靠创业积累财富，1/3靠理财致富。他认为，生来富有者少之又少，而创业成功的比率也只有7%，对普通百姓而言，致富的最佳途径是理财得当。

可见，金钱的管理是一个不可忽视的问题，能把金钱管理得很好的人可谓是一个成功者。否则，怎么会有那么多人要去咨询专家，为自己的金钱作合理的安排、筹划以及为投资找好方向和时机呢？当然，作为一名学生，我们没有必要去请专家管理自己手中那为数不多的票子，但最起码我们应学会自己理财。挣钱是一门学问，理财同样是一门很重要的学问。

俗话说："你不理财，财不理你。"如何有效地利用每一分钱？如何及时地把握每一个投资机会？要诀就是开源和节流。所谓开源，就是尽可能争取资金收入；所谓节流，就是要计划消费、预算开支。成功的理财可以增加收入，减少不必要的支出，提高个人或家庭的生活水平，从而使他们走上富裕的道路。而利用理财致富是最应该做的，而且是人人可以办到的。

财富就像一棵树，是从一粒小小的种子开始长起来的。它需要你精心地浇水、施肥、治虫等，这就是理财。你越快播下种子，越认真地培育树苗，就会越快让"钱"树长大，这样你就能越快地在树荫下乘凉，越快采摘到丰硕的果实。

理财是一门学问，它需要你在现实中不断地摸索、学习，但同时，它也是有章可循的，下面就简单给你介绍几个理财的小窍门。

1. 理财靠的是技巧

平时不刻苦学习、不努力充实自己脑袋的人，日后是很难合理理财的。有句老话："脑袋有多空，衣袋就有多空。"一般而言，想掌握理财的技巧，还是要先通过学习来武装自己的头脑。

2. 纸上谈兵的技巧

所谓纸上谈兵的技巧，就是把你所想的收支情况记录在纸上，这方便我们随时翻阅以前的收支资料，快速做出抉择。亚诺·班尼特来到伦敦后，立志做一名小说家，当时他很穷，生活压力很大，他便把每一便士的作用都记录下来，然后才上床睡觉。直到他成为世界闻名的作家、富翁，拥有一艘私人游艇之后，他仍然保持着这种习惯。

3. 聪明的花钱技巧

聪明地花钱，就是学习如何使你的金钱得到最高的价值。所有大公司都设有专门的采购人员，他们不做其他事，只是设法替公司买到最合适的东西，但这已经足够了。身为个人产业的主人，你也可以学着聪明地花钱，只是这需要经验的积累。

4. 一半是火焰，一半是海水

理财，一方面要胆大，另一方面要心细。就像火焰和海水一样，把握事物的轻重缓急，且具有较强的分析与处理问题能力，必能赚大钱。和金钱有关的事，随时随地都存在着危险。因此，如果你时时刻刻都在战战兢兢中做事，那就不可能成功。

5. 君子爱财，取之有道

的确，每个人都希望有钱，这并没有错。但要获得钱财，必须有原则，不能违背人情义理和政策法规去牟取利益。例如，在商海中漂泊，信用和商誉非常重要，而信用和商誉必须经过长时间的努力才能获得。

开源与节流，让手中的钱"活"起来

寻找更多的资金来源

要获得大学文凭，你不仅要付出大量的时间和精力，更要投入大量的金钱。大学并轨后，所有的大学生都要交学费，现在的大学学费通常是每年 5500 元左右，住宿费 1000 元左右。再加上每年的生活费和各种各样的开支，算下来，一个大学生每年要用掉 1 万元左右。尽管父母努力为你提供金钱方面的支持，但这毕竟不是一笔小数目，尤其是对于那些工薪家庭和地处偏远贫困地区的家庭来说。要知道，在国外几乎没有大学生靠父母养活的，因为从法律上讲，子女上大学后父母就不再承担抚养子女的义务了。作为中国的大学生，你也应该学习一下西方大学生的独立意识，在接受父母援助的同时也要多动脑筋，行动起来，为自己寻找其他方面的资金来源。

为了扩大你的资金来源，结合大学生自身的特点，在此向你推荐如下3种扩大资金来源的方式。

1. 兼职工作

大部分的大学生都有兼职工作，因为一星期打工几小时，并不会使大学生的分数降低。若你现在还没有做兼职工作，你可以到学生就业辅导中心去看看。若你必须长时间工作才能维持你的学业，那么你就可能花更长时间完成学业。在你承担更多工作前，要先学会取舍。在各类的兼职中，家教是最常见的工作。很多大学生都做过或者正在做家教，尽管家教是一种很不错的赚钱方式，但是我们在此并不是很赞同大学生去做家教。因为，你是一名大学生，你的职责是学习更多以前没学过的知识，掌握更多以前不会的本领，从不同角度来提升自己。而家教做的事情不过是重复你初中或者高中学过的知识，学不到任何新的东西，也培养不了新的技能。或许你会说家教能锻炼你的表达能力，但是这种锻炼是很有限的，几乎可以忽略。并且，做家教会浪费你很多宝贵的学习时间。所以，如果能找到其他的兼职，就不要选择家教，当然师范专业的学生例外。

2. 赢取奖学金

在大学里，这是最好的增加收入的途径。只要你有优秀的学习成绩或者在艺术、体育等方面有突出的表现，你就能获得奖学金。有的大学为了奖励在高考中取得优异成绩的同学，还设立了新生奖学金。在北大，如果你是省高考状元或者高中时在国际奥赛中摘取过金牌，那么你就能获得"明德"奖学金。这意味着在四年的大学生活里，只要你的成绩不挂红灯，每年你就有4000元入账。那么四年下来，你就有16000元纯收入了。当然，能得到这种奖学金的是极少数同学，其他同学可以通过努力去争取其他种类的奖学金来扩大收入。目前除了大学自己设立的奖学金之外，还有很多公司或者个人在大学里设立了各种名目的奖学金。

3. 借贷

如果你是借钱来投资学业的话，有限度的借贷并不是一件坏事。从长远来看，你所受的教育可以提高你的工作能力。不过，如果你借钱是为了支付现在无法负担的生活方式，那么你就要好好思索一下你的长期目标了。毕业时也许欠了一堆债务并非你所愿，因为债务将使你很难继续念研究生，或很难去做你最有兴趣的职业，但是你却可能因为一些不当的理财方式而欠债。有一句古老的谚语说："如果一件事听起来好得太离谱，可要小心，别上当。"这句话很适用于信用卡的情形。如果你平常每个月能偿清，且不必付循环利息，那么信用卡的确很好用；但若你长期处于负债状态，信用卡会让你亏损连连。

借贷也是同样的道理。如果你选择借贷的方式，那么请把你的借贷金额限制在必要的开销之内，并记住你借了多少钱。如果你现在借的钱需要每月摊还，你可以把这些费用写在月开销的计划中。

但是需要强调的是，这毕竟还是在大学中，你还是应以学习为主，不应当因为挣钱而影响了学业，最终"本末倒置"。如果你确实有很多的精力投入到扩大资金来源方面，那么你会有许多途径可以考虑，比如创业等。虽然起初只是小打小闹，但是渐渐地你会发现，你不仅在其中赚得资金，而且还锻炼了自己的实践能力，提高了自己今后就业的竞争力。

尝试投资，让自己的钱升值

一个大学生与一个没有受过大学教育的普通青年的区别在哪里？除了"智商"、"情商"这些时髦的词语之外，还应有"财商"（Financial Quotient，简称FQ）。"财商"观念，应该包括金钱观、价值观、学习观、职业观、风险观、未来观、成功观以及科学的"财商"观，这些都有助于有效控制个人财务安全，进而实现人生梦想和自我增值。简单地说，"财商"也就是一个人控制、驾驭金钱的能力。"财商"并不在于你能赚多少钱，而在于你有多少钱，你有多少能力控制这些钱并使之为你带来更多的钱。有一句话说得好："没有'智商'的人是傻子，没有'情商'的人是疯子，没有'财商'的人呢？只能是叫花子！"在市场经济体制中，财富都掌握在富人手中，20%的人足足掌握了80%的财富。这就是著名的"墨菲定律"。它适用于任何一个市场经济国家，当然也适用于中国。你将来是做老板还是打工仔，取决于你的预期和努力，而"财商"尤为关键。

因此，在大学阶段你就要有进入社会不断培养自己"财商"的思想，寻找机会锻炼自己，而投资无疑是一个比较直接而有效的方法。有些人认为有钱才能赚钱，事实上，首先要有个梦想，专注于这个梦想，并且不屈不挠、热情地追求这个梦想，直到它成真，这样才能得到世界上任何事物——包括金钱。白手起家而赚得大把钞票的故事不胜枚举，开始时手里有大把钞票而结果穷困潦倒的故事也不在少数。如果你有一个赚钱的梦想，就可以尝试着拿出自己积攒下来的一部分钱进行投资了。

作为大学生，你自己能用于投资的钱肯定不会很多，如果你对投资感兴趣，不妨尝试如下几项投资。

1. 购买收藏品

你可以购买邮票、书票、古钱币、旧书籍等，然后再卖出，从中赚取利润。但是在购买前你要先成为这方面的内行，对相关的市场行情有相当的了解，知道各种收藏品的价值和如何辨别真伪。由于这些经验在短时间内比较难掌握，因此该项投资活动一般比较适合从小就对某种收藏品感兴趣并进行过钻研的学生。如果你以前没有接触过，那就不要贸然在这个领域投资了。

2. 购买债券

债券的种类很多，一般公司发行的债券有一定的风险性，国家发行的债券则比较稳妥，而且国家发行的债券利息比银行要高一些。因此，建议你用节余的钱购买国库券，这样既可以增加一笔收入，又为国家建设做出了贡献，还不必担心有什么风险。这是一举三得的事情，很值得考虑。

3. 购买股票

如果你觉得自己有足够的胆量和勇气去承受赔本的风险，也希望从炒股中体会一些做别的事情所没有的感受，或者运气好的话还能从中赚上一笔，那你就买点股票试试。如果你是学经济专业的，或者对经济感兴趣，也可以到股票市场转转，积累一些实际的经验，为以后在商海中搏击打下基础。当然，前提是你要对股票的知识有所了解，知道其运行规则，也要对亏本做好充分的心理准备。

尝试投资更能锻炼你的独立思考和独立分析问题的能力，让你感觉更加快乐。同时，在投资时，你也不要被贪欲蒙蔽了双眼，那样，即便你获得了不菲的收益也不会觉得满足。因此，尝试投资最重要的一点是你是否从中发现了乐趣，而不仅仅是物质利益的满足。

对大学生而言，大学时代弹指即逝，应当把精力更多地集中在学业上，不应该过分追求物质利益。因为对于物质的追求是永无止境的，好的东西、新的东西层出不穷，即使再有钱也不可能时时跟上时代发展的步伐，所以还是要量力而行、适可而止。再者，不管什么样的投资都是有风险的，切忌盲目倾其所有。对于学有余力而且手头较为宽裕的学生，则可以尝试一下。但是当代大学生还是应该平静坦然地面对物质生活质量的标准，这样才能正确处理好财务问题。

做好自己的收支预算

一份理性的预算应当首先保证生活的需要。大学时代最应当提高的是学识，所以，应有一定的经济保障。因此，学会记账和编制预算是控制消费最有效的方法之一。只要你保留所有的收支单据，抽空整理一下，就可以掌握自己的收支情况，从而对症下药。一种可能的预算是这样的：60%的钱用来吃饭，10%的钱用在学习方面，20%的钱用来作为临时备用，10%的钱存起来。大学生活中需要花钱的"意外"很多，并且10%的存款将会使你养成良好的储蓄习惯。

有一位老板，他在公司资金筹措紧迫时，每天将一二千元的钞票随便花在酒馆里，一边却嚷嚷着公司缺200万~300万元资金的话。的确，对于100万元来说，1000元确实微不足道，即使节省了1000元，对于筹措100万元巨资也显得杯水车薪。但是，俗话说，1分钱愁死英雄汉，不会珍惜小钱的人也就赚不了大钱。后来，这位经营者的公司果然倒闭了。

为了避免这种情况的出现，我们应该对金钱做到精打细算，做好自己的收支预算。一生中少不了意料不到的花销，因此，不论你拥有多少金钱，即便是腰缠万贯的大款也免不了要为花钱的计划而大伤脑筋。同时，意外开支经常打破经营计划，令人痛心不已。因此，在做收支预算时要尽量减少意外开支。

一般来说，合理开展预算和计划要注意以下3点。

1. 把事实记在纸上

预算专家建议我们，至少在最初一个月要把我们所花的每一分钱做准确的记录——假如可能的话，可作3个月的记录。这可以为我们提供一个正确的记录，使我们明白钱花到哪儿去了，然后我们可依此作一预算。

2. 制订适合自己的预算

当你对记录了解以后，就该行动了。首先，把你这一年里固定的开销列出来——生活费、书本费等。然后，计划你其他的必要开销——辅导费、医药费、交际费等。拟订计划是一项需要决心的工作，有时候还需要严谨的自制力。我们必须知道什么东西对我们最重要，而牺牲掉最不重要的东西。为了拥有一个合理的消费习惯，你可能得放弃买昂贵的衣服，但为了一套你必须拥有的衣服，你可能就得牺牲你的积蓄了。每个人的情况都不相同，所以这必须由你来做决定。

3. 留一笔紧急备用的资金

每个人都会遇到紧急的事件，这些事件又往往需要一大笔钱。大部分的预算专家都认为，至少要存下一定的钱才能应付紧急事件。不要试着存太多钱，不然你将难以保持，从而导致根本就存不了钱。不如固定地存上一点，效果会更好。

知道了如何开展预算和计划，那么接下来就让我们把理论落实到具体的操作中去吧！

设计一张类似下面的表格，把你这学年的开销和财源加起来（依据你现在由父母资助、自给自足甚至要资助别人的情况，机动调整收支项目），做出一份你的收支预算表。

今年的财源：

储蓄、公债、长辈给的礼金等，加上每个月兼职打工的收入或其他来源

今年的开销：

定期的大笔开销

学费

杂费

书籍费

食宿费

保险费

其他

总开销：

总定期开销：

不做"劳民伤财"之事

有很多年轻人由于挥霍无度的恶习，竟然把自己的前途都抵押出去了。他们全身的服饰都是名牌，而且要紧跟服装的时尚。他们整天考虑的事情就是怎样去花钱，当没有了可供自己花费的钱时，他们就有了这样的念头：怎样去尽快地弄些钱来。结果，他们不但债台高筑，而且因此丧失诚信。他们原本应该过更有意义的生活——似锦的前程、快乐的享受和高尚的理想，却因丧失诚信使一切都成了镜花水月。

那些不愿意量入为出的年轻人不了解，这样的习惯会使他们成功的基础毁灭殆尽，而且将来也决计无法挽回。你不考虑眼前的问题，认为将来可以从头做起吗？你认为今年将田地荒废不顾，明年仍然可以重新耕种吗？你认为过了今天还有明天吗？时间老人是毫不留情的，你一旦犯了错误，他绝不会再给你一个从头开始的机会。未来的收获都得看你年轻时播的种子怎样，假如你播的是杂草，将来也休想收获丰硕的果实。可以肯定的是，无度的消费将会造成你悲惨的结局。

人们总是有办法使自己的支出少于自己的收入。有志向的青年人不管每月有多少薪水都不会弄到只够自己糊口的地步。通常，人们最大的花费并不是在维持简单的生活上，实际上大半都消耗在一些毫无意义的项目上，比如吸烟、饮酒和娱乐场所，等等。这些都是普通年轻人负债累累的原因。这些恶习的结果就是把你弄得一穷二白，到了最后即便是出卖肉体和灵魂也还不清债务。

关于这个问题，有位作家的一段话说得非常好。他说，在我们的社会中，"浪费"两个字不知使人们失去了多少快乐和幸福。浪费的原因不外乎 3 种：

（1）对于任何物品都想讲究时髦，比如服饰、日用品、饮食都要最好的、最流行的。总之，生活的一切方面都愈阔气愈好。

（2）不善于自我克制，无论有用没用，想到什么就去买什么。

（3）有各种各样的嗜好，又缺乏戒除这些嗜好的意志。这些总结起来就是一个问题，他们从来没有考虑过要修养自己的性格，克制自己的欲望。造成如今社会上事事追求浮华虚荣的最大原因就是，人们习惯于随心所欲、任性为之的做法。

洛克菲勒到饭店住宿从来只开普通房间，服务生不解地说："您儿子每次来都要最好的房间，您为何这样节省？"洛克菲勒说："因为他有一个百万富翁的爸爸，而我却没有。"但洛克菲勒在捐资支持教育、卫生等方面却毫不含糊，数以亿计。

一次，李嘉诚上车前掏手绢擦脸，带出 1 元钱硬币掉到了车下。天下着雨，李嘉诚执意要从车下把钱捡起来。当服务生为他捡回了那 1 元钱时，李嘉诚付给他 100 元的小费。众人非常不解。他说，那 1 元钱如果不捡起来，被水冲走可能就浪费了，但这 100 元却不会被浪费。钱是社会创造的财富，不应浪费。

其实，真正富有的人是不会肆意挥霍一分钱的，这并不是因为他们小气，而是他们懂得节俭，不轻易浪费。大学生如果把自己手中的钱毫无节制地花出去，后果只能是使自己手中空空如也，处于经济紧张状态。因此，我们提醒大学生们，要珍惜你手中的每一分钱，不要在消费上做"劳民伤财"之事。

决定前的准备：
你的消费是否具有计划性

高效率地理财是我们生活中必须具备的一种重要能力。在大学阶段，我们越能在生活、学习、娱乐以及其他花销方面高效率地利用金钱，我们节省出来用于自己的爱好、阅读、会友及其他一些能丰富我们生活的资金就越多。这为我们将来在自己的事业中有效理财做好了训练和准备。

下面是一些理财的训练原则和切实高效的方法。

1. 训练原则

（1）原则一：不同的大学生在理财安排及责任感上的接受能力是不同的，有快有慢。

（2）原则二：确定要事优先是合理理财的一个主要方面。因此，价值判定在金钱方面起着至关重要的作用。

2. 训练方法

（1）列一个一天所花钱和所剩钱的表格，或举行一个一天"用钱大会"，以帮助我们逐步确立理财观念。

（2）准备一个精美的硬皮记账本，这对我们的日常理财生活很有帮助。

（3）制订出一个详细的理财计划，具体到每一周每一天的每一件事，然后做好记录。一周结束后，把各项活动所花的金钱数量加在一起，去发现我们是怎样花掉自己手中的金钱的。

由此我们可以思考如下问题：

（1）这一周你把大部分的金钱都用到什么上面了？哪方面用的金钱最少？

（2）你宁愿在什么事情上多花些，什么事情上少花些？

（3）你想去做的事为什么不去做？没有足够的金钱吗？

（4）你对你花费金钱的方式是否满意？

金钱是用劳动者的血汗换来的，但是有的人却不珍惜它，不好好认识和利用它，我们一定要避免成为那样的人。我们要懂得钱要踏踏实实地挣，要一分一角地理，使每一分钱都发挥出应有的价值。

第 **6** 个决定

性选择，理智与本能的较量

大学生们如果失足在盲目爱情的陷阱中，就应该力图拔出脚来，以免把翅翼缠住。

扫码获取更多资源

是潮流还是逆流

用理性紧锁潘多拉的盒子

当潘多拉私自打开宙斯让她带给厄庇来修斯的那只盒子时，疾病、疯狂、罪恶、嫉妒等祸患便从盒子里一齐飞出来，只有希望留在盒底，从此人间充满了各种灾祸……

柏拉图曾说过，心灵像一驾马车，它由三部分组成：驭者与两匹马——一匹不驯的劣马和一匹听话的好马。驭者是理智，好马是抑制冲动，劣马是情欲，好马能自制，知廉耻，而劣马"靠鞭打才能勉强驯服"，它朝着肉欲的宴席疾驰，沉湎于享乐之中。爱是一种本能，也是一种生命态度。大学生应该在爱这所学校中学到"自制、廉耻"，而不是游戏爱情的态度。

陈洁来自于大城市，身高一米七，体型适中，一笑嘴角就有两个小酒窝，看上去格外清纯。但是她从小生活在一个不幸的家庭中，妈妈脾气暴躁，很少关心她，爸爸工作忙碌，并且父母长期吵架。在她读高中时，她的父母因为感情不和而离婚，这对她打击很大。她刚进入大学军训的时候，就有高年级的男生追求她，军训结束之后，他们谈起了恋爱。她很爱他，而他却是个花花公子，一个学期之后，他们分手了。

分手之后的陈洁，似乎变了一个人。只要有人追求她，她就去和别人约会，在公共场合和别人卿卿我我，根本不在意别人的看法。一段时间，她换男朋友的速度越来越快，几乎不到一个月就换一个男朋友。同班同学笑她，说她是"半月谈"，而她却毫不在乎地说"我是每周一歌（哥）"。

曾有好朋友劝她不要这样做，可是她却唱道："找呀找呀找男友，找到一个好男友，接个吻呀牵牵手，你是我的男朋友。分手！"她还说："女生就是要有男生追，才能显示出女性的魅力。人就是要在年轻的时候及时行乐，要不大学能给自己留下什么美好的回忆呢？"

其实，当陈洁一个人静下来的时候，她却常常哭泣。因为她的行为，朋友都离她远去，这让陈洁感觉很孤独，但她也只能强颜欢笑以掩盖自己那颗早已破碎的心。

像陈洁这样因家庭缺乏爱的温暖，而渴望在恋爱的过程中获得归属感和爱的满足的大学生也很常见。他们往往渴望体会到被对方接纳、体贴、理解的快感。在恋爱的过程中他们既爱着别人，又能得到别人的爱，这使他们有一种满足感。而一旦这种满足感失去，他们便不再相信爱情，而是在游戏中伤害别人，同时也在不断加深自己内心的伤痛。我们同情陈洁，但同时又替她感到惋惜，真希望她能及时悔悟，并能够用心去赢取一份真正的感情。

爱情的产生以及亲密关系的建立，一个重要的基础就是人在性方面的成熟与发展。处在青春期的大学生充满了性方面的渴望，在恋爱过程中，许多人用性来表明爱的深度。性是一件神圣而慎重的事情，但是有些大学生却把性当成一种很随便的事情，这不得不让我们为之感到叹息！

女大学生的这种放纵的行为，一方面与其青春期性激素分泌有关，另一方面则是受社会上各种因素的影响。在商品经济下，女大学生的道德观念日益淡薄，同时社会对女性采取越来越开放的态度，使她们一味追求感官刺激，不顾及人生的责任和道义，甚至连人格和尊严也丧失殆尽。在以自我为中心的环境中成长的一代，只图自己享乐，根本感受不到这样的做法对别人和社会的危害。这不仅是对社会的不负责任，也是对自己灵魂的亵渎。即使贫穷或失恋，抑或是为了报复、贪图虚荣，也不能成为她们逃脱惩罚、免付代价的借口。

为了性而爱

如今，早恋的中学生越来越多，那么性越轨对于那些学习压力并不甚负重而且脱离父母管制的大学生来说，似乎也就见怪不怪了。这其中尽管不排除纯情学生间的偶发性越轨行为，但亦有一部分女大学生就此稀里糊涂，成了某些居心不良、品行不端者的牺牲品。

失身又被抛弃的女大学生在心理上若不好好调整，更是极其危险。一方面她们可能自卑失落，一蹶不振，阴影难消；另一方面她们中有不少人自暴自弃，自甘堕落。

某大学美术系四年级的一位女生，还在大一时，由于长相俊俏，颇得高年级学生的青睐，很快就成为群雄追逐的对象。后来，她终于投入某男生的怀抱。不久她第一次怀孕，男友对她发誓保证会永远爱她，她想只要有爱情做后盾，自己就什么也不顾了。最后她在大四的寒假期间，发现男友在深圳已另有所爱……她没有像其他被抛弃的女生那样哭闹，凭借美丽，她很快便倒向一直关心她的同班男生。如果说与第一个男友还曾经历过恋爱的初级阶段，那么，一旦移情于第二个男友时，感情对她而言形同虚设。正是基于这种认识和低级需求的支配，在毕业前夕她第四次怀孕流产。这时她感到了厌倦，对两性的关系骤然冷漠下来……毕业时尽管第二个男友百般哀求她留在他身边，但她还是和他平静地分了手。

在英文的 Eros（情欲）这个词中，既包含了性欲及爱情两种观念，还含有生命本能的意思。显然情色本来就是一项过程，而且是人的一种本能。或许，在两性交往的问题上，本来就不应该区分爱与性，也不应该论述它们之间的交错关系，因为它原本就是一体的两面。有爱无性或有性无爱的情色是很难存在的，男女之间也难有情色分离的交往。

勇于尝试的另类女生，她们多半是想以行动寻找真爱，想用肉体来诠释情色的新定义。然而，她们应该思考一下，没有爱的性是真实的吗？性和爱真的可以分离吗？

武菲是一个四川来的女孩子，五官精致，曾是某艺术院校的学生。她从小就热爱艺术，梦想着有一天能成为一个出色的艺术家。经过了一段时间的大学校园生活后，她才知道出色的女人太多了。她的相貌虽然在同学中是上等的，但成绩只是中流，如果搞艺术，实在是前途难卜，于是她把命运的赌注就压在了外貌上。在这个实用主义泛滥的时代里，道德早就成了虚伪的东西，人们都专注自身的享受。这真应了但丁那句话："走自己的路，让别人去说吧！"

相关调查显示，尽管自 20 世纪 80 年代以来，大学生中"偷吃禁果"的现象一直存在，但 90 年代以后，大学生"偷吃禁果"的现象明显地增多并具有了新的特点。两者之间的差异主要并不是表现在量上，而是表现在质上。这是因为，20 世纪 80 年代大学生"偷吃禁果"的现象绝大多数是发生在恋人之间，并以结婚为前提或归宿。它只不过是将以前传统的"恋爱、结婚、性行为"的婚恋性关系模式，变成了"恋爱——性行为——结婚"的模式，变化的仅仅是三者的时序，但是三者在总体上最终还是统一的。然而，到了 90 年代，大学生除了继续表现为时序上的一种颠倒外，还越来越多地表现为三者的一种根本分离。这种分离表现在两个方面：

(1) 恋爱与婚姻真正分离，而不再只是一种暂时的分离，即恋爱后并不一定非要结婚。大学生中流行的最典型的话语是"不求天长地久，但求曾经拥有"。有一项调查的数据是：66.8% 的大学生对"已经发生婚前性关系的男女就应该结婚"这一观点表示"很不同意"和"基本不同意"。

(2) 性行为与恋爱相分离。不少大学生的性行为发生在并不具有恋爱关系的异性之间。无论这种分离是自愿的，还是被强迫的，都是 80 年代和 90 年代初期的大学生所无法设想的。

爱情究竟是什么？著名社会学专家李银河在她的《说性》一书中谈到对爱情的理解，"它是一种两人情投意合、心心相印的感觉，是一种两个人合二为一的冲动。"在这个后现代的开放空间里，不少男女在性方面的过度挥霍造成了爱的贫乏。

洋学堂里的"性"

有专家指出，中国大学生的性知识水平只能打 66 分。那么，同是处在这个年龄段的其他国家的大学生，他们的"性"教育情况又是怎样的呢？

1. 美国

美国青春期性教育始于 20 世纪 60 年代，当时被公认的学校青春期性教育的目标有：减少性病，减少私生子和性适应不良行为，培养青少年如何正确对待异性，与异性建立高尚关系的态度和能力等。

近年来，美国社会各界均赞成在学校开展青春期性教育，他们由于在对具体目标、任务的认识上存在差异而分成两派。一派以美国性信息与性教育委员会为代表，提出"安全性行为"综合性教育目标，他们主张学校青春期性教育课程应主要教会学生使用避孕套，减低对健康的伤害。另一派则以美国性健康医学研究所为代表，他们提出品德教育目标，提倡以品德为基础的性教育，即青春期性教育课程应主要进行人格教育。目前，越来越多的美国人倾向于后一种观点。

18岁的珍妮弗是埃默里大学二年级的学生。她坦言自己是女权论者，她说："作为男女平等的倡导者，死也有权对性说'不'。"她说："我憎恶那些穿着军靴、剃着光头，动辄就要发生性关系的男人。"

看来，美国教育部门和青少年已对过去只传授性知识而无价值观指导的性教育进行了反思，正在探求新的教育思路和方法。

2. 日本

日本青春期性教育经历了如下3个阶段。第一阶段是第二次世界大战后至20世纪60年代，叫"纯洁教育"，强调对青少年授予正确的性知识，使其保持身心纯洁；第二阶段是20世纪60～70年代，日本受到西方性自由浪潮的冲击，开始以传授性科学知识为主；第三阶段是20世纪70年代以后，日本进入"性指导"阶段，不仅让学生懂一些性科学知识，还要懂得友爱的重要和生命的可贵。20世纪80年代以来，他们在性教育中特别强调约束、道德，认为性教育首先是性的文明教育、伦理教育和道德教育，尊重人的精神，反对以强凌弱，讲究男女平等。

日本文部科学省出版的小学第一册《卫生》课教科书封面就有女性和男性的身体和性器官的图。小学里的1年中有1～2个小时的特别讲座，内容是男女之间身体的区别、月经和怀孕的原理，等等。初中1年当中也有1～2小时的特别讲座，在体育保健课里面也会讲到，学校呼吁不要进行危险的性行为，还要知道避孕和性病知识。高中时在体育保健课和家庭生活课里有性教育的课程，如关于避孕、性病，还讨论伦理道德方面和流产。在初、高中，日本每所学校里都有专门由专家学者成立的"协助者协会"，负责向学生提供各种性咨询、性教育，并编写性教育指导手册。日本学生的性知识主要从学校那儿获得，同时家长也会主动和孩子讲一些相关知识。

3. 英国

一向以绅士淑女自居的英国人如今再也提不得这份荣耀了，"传统"、"保守"以及"自我克制"等英国人标榜的优点也都是历史了。事实是英国的青少年在性的开放程度上一点也不输给美国人，这导致了道德的堕落和性方面的混乱。

为了引起中学生们的注意，很多国家在全国的中学中广贴海报，包括在厕所、宿舍等地贴宣传海报。上面的标语很别致，比如"做处女很酷"、"性：你思考得足够多了吗"等。好奇的十几岁中学生们会注意这些海报，耳闻目睹得多了就会受到影响，最后他们会发现保持了贞操也就保持了自己的快乐。

英国公共卫生部某发言人说："这是一项与中学生直接对话式的运动，目的是让他们了解事实。"其目的是使这项运动达到使人觉得"时髦"和"完美"的效果。

4. 瑞典

瑞典是性自由的国家。确实，早在 20 世纪 50 年代，瑞典政府相继采取了色情解禁、口服避孕药解禁、同居等新的措施，一度在全世界掀起汹涌的波涛。但是，重要的是，瑞典同时也推行了性教育，而且是彻底的性教育，成为世界性教育的典范。

责任——不可承受的"性"之重

爱情诚可贵，年轻梦易碎

香港女作家张爱玲曾说："执子之手"是最凄凉的诗句，因为执手之后就是放手。都说校园是最纯洁神圣的地方，因为没有掺杂金钱、门第的观念，也没有世俗的污染。然而，当生活步入真实与平淡，爱人指尖的温暖能否抵抗时间与空间的巨大转变？

下面是一个名叫秋秋的女孩自述的在大学里的一段短暂的爱情经历。

最初是因为他写得一手漂亮的钢笔字，我喜欢上了他。在有些人看来，这似乎不太严肃。可我就是这样的，也许这是因为我过于感性，喜欢跟着感觉走。

起初，我发现他每天都要到校门口的那家小店吃饭。后来他天天去那里，不是因为那里的早餐味道好，而是因为每天可以在早餐店里见到在小店做钟点工的我。

而那时的我每天都坚持在那家小店打一个小时的工，不是因为早班的工资高一些，而是因为每天他都会在那里吃早餐。那天，我终于鼓起勇气向他表白。我的办法很老土：写一张字条，夹在我给他的钱里，这样他在数钱的时候就会发现了。字条上写着："我喜欢你很久了，能和你做个朋友吗？如果可以的话，请在我下班的时候过来好吗？我只上一个小时的班。"

终于我把写好的字条和钱交到他的手上，我紧张得连他给的钱都没有仔细看。终于下班了，我的心情开始紧张而沉重……他真的出现了！那一刻，我高兴到了极点。

从此，我们两个坠入爱河。他用他那特别的钢笔字给我写了很多动人的诗句。我们朝夕相处，形影不离。至今回忆起来，那都是我最快乐的时光。我觉得自己好幸福，我在他身上投入了一个女人最深的感情。那时候，我们常常一起泡图书馆，一起看一些测试性格命运的书。我说："我们是天生一对，八字很合，一辈子不分开。"他发誓说："我要一辈子爱你，保护你。"

然而，欢乐的背后是痛苦的。由于太多地荒废学业，我期末考试有几门课不及格，心情很沉重。再过一年就要毕业了，我的工作还没有着落。我问他："我们之间，究竟有多久的未来？我们之间，究竟还有多少考验？"

在大学校园里，我们见了太多太多的"校园爱情"，其结局无疑都是好聚好散，一毕业便分手。我真的不希望我和他也是这样的结局，毕竟我爱他爱得太深了。但他说，他也不知道，因为工作等一切都没有定。

马上就要毕业了，校园的情侣们也即将面临一道坎。据统计，85%以上的校园情侣在毕业来临时都会选择分手。到底是什么原因让曾经的海誓山盟变成了一句空谈呢？等那一天来临，我们又是否真能做到那么潇洒，"挥挥手，不带走一片云彩"呢？

面临毕业的大学生，由于从心理到事业都还不够成熟，远不能承担家庭生活的责任，可又未对感情的未来丧失信心，于是一面学着慢慢适应社会，一面静观感情与生活之变。谁知道明天会怎样？此时的默契明天会不会变样？他（她）对我的爱会一直持续下去吗？如果这爱在时光的前行里变换了颜色，我们应该怎么办？纯情时代的梦想在生活里褪了色，也会改弦更张，谁敢说我们一定会有一个完美的结局？也许就会彻底放了手，把那个人指尖的温柔与那段青涩的恋情一并放到记忆的背后，小心地永久珍藏。

因此，有许多恋人不管在大学相恋几年，最终还是选择了分手。有人认为这是男女双方心智成熟的体现，是对感情最理智的选择，是人生迈出的最重要的一步。也有人说，如果两个人通过交往发现彼此并不适合，为什么不选择分手？如果两个人在毕业分配时天南海北或面临完全不同的未来，用什么来继续维系爱情？爱情这么娇贵的东西，是否经得起时间和距离的考验？也许分手是最明智的。大学里的爱情或许真的像易碎的玻璃，不要随随便便就去尝试，一旦选择了拥有，我们就应该用心和责任去小心呵护。但人生无常，万一它被岁月侵蚀了，我们也要勇敢地往前走，就当它是成长中一段美丽的故事，生命中一道亮丽的风景，旅程中一个必经的车站吧！

拿什么拯救你

当今社会，大学生们强烈的性自我意识已使他们不再"谈性色变"或羞于启齿。然而，这后面却是一个个充满血泪的惨痛教训。

今年20岁的珠珠来自海南的某个美丽的城市，现在西安某大学中文系就读本科。她读大学的第二年，认识了一位男孩子。

从那一次见面之后，接下来的若干个晚上，珠珠去自习室总能看到他。那个男孩子给珠珠递了张字条，于是他们就这样相爱了。这个男孩是体育系的学生，也是大二。珠珠认为，他不是那种四肢发达、头脑简单的男孩，因为他很爱读书，尤其是小说。在珠珠看来，他比中文系学生的知识面还要广博。

后来，他们选择了同居，过了一段浪漫的二人世界，但是同居也让珠珠付出了惨重的代价。由于无知，珠珠为他打了两次胎。当满脸苍白、憔悴的珠珠第二次从手术室出来的时候，并没有看到那个男孩子的身影，但医生却告诉她一个残酷的事实，由于两次流产间隔时间太短而导致她终生无法生育。

此时的珠珠在想，如果妈妈看到她从手术室里出来那挂满泪水而又苍白的脸时，是否能够再承受这个可怕的消息……

珠珠大学快要毕业的时候，有一天，那个男孩突然出现在了珠珠的面前，不过在这个男孩子的身边又多了一个漂亮的女生。珠珠想要找他理论，这个男孩却先开了口："其实，我也不太懂避孕方面的知识，当初也没有想到你会怀孕，更不知道你会因为打胎而不能再生育，所以想来看看你。不过你看现在一切都晚了……"听完，珠珠一句话也没有说就走开了。

大学生的爱情是甜蜜的，同时也是娇嫩的，这爱情则更多地意味着承诺和责任。在大学的脆弱爱情里，我们更多考虑的是为爱情的付出与对爱情的索取，而并没有考虑到当爱人陷入困境之中时该怎样去"拯救"。其实，我们也根本没有能力去"拯救"对方。像故事中的珠珠，为了对方而一味地付出，甚至毫不顾及自己的身体和健康，而她的男友却选择了逃避。这种恋情在当下的校园中是十分常见的。这样的经历给今后的人生所带来的只有苦涩，而绝不会是值得回味的美好体验。亲爱的大学生朋友，当你也准备选择一份恋情的时候，是否考虑到要为此而付出代价呢？

如何面对过早的"爱情之花"

大学阶段，大学生个体始终处于生理与人格不协调的状态中。这种生理与人格的不协调在这一阶段意味着：一方面，个体在生理上已具备成熟；另一方面，个体尚没有成熟的价值观、道德意识和良好的意志品质、调节适应能力，其结果便可能导致生理与行为的失调，出现恐惧、焦虑、压抑、放纵等各种问题；由此可见，生理成熟与人格成熟之间的不平衡，是大学生性行为产生的内在根源，也正是因为这种不平衡，导致出现问题后大学生们手足无措，不敢通过正确途径解决问题。

如果大学生意外怀孕了，一定不要惊慌，要冷静处理。

1. 接受妇科专业医生指导

所有怀孕女性，尤其是年轻少女，都需要悉心的照料，所以，对怀孕三缄其口是件危险的事。你愈早得到医疗护理愈好，即便你不能面对父母，也应该告诉医生。

很多女孩子认为告诉医生并不是一个好办法，医生只不过是个陌生人，向他们表白实在是太尴尬。其实，这个时候你是最需要医生的照顾以及心理辅导的，需要专业的医生帮助你减少焦虑、做出有利于你一生健康的决定。

2. 尽早实施人工流产

人工流产愈早愈安全。怀孕期如果是在三个月以内，手术比较简单、安全，手术进行后略微休息几天就可恢复健康。但是，如果胎儿已有三个月以上，情况就复杂得多，手术也相应复杂，对人身体的伤害也会随之加重。据博爱医院妇科主任张秋娟介绍，目前比较安全的人流有无痛人流、微管无痛人流和可视无痛人流。可视无痛人流是目前比较受欢迎的方法，有以下几个优点：一是女性朋友在睡眠状态下手术，消除了紧张恐惧情绪，减轻了女性朋友心理、生理上的压力和痛苦；二是在可视状态下手术更加安全，避免了不当操作；三是避免了人流手术的疼痛感，醒来感觉舒适；四是解决了以往许多人流手术及药流的后遗症，有效地避免了并发症的发生。

药物流产也是人工流产的一种。许多大学生在发现意外怀孕后，不敢到正规的医院接受手术，就自行到药店去买药解决问题，这是很危险的。大学生千万不要自行药物流产，必须听从专业医生的指导用药。施行药物流产术前一定要在专业医院经医生筛查后方可实行。只有身体健康、无慢性病、无药物过敏史、孕期在 49 天之内、经 B 超检查为子宫内早孕的女性，才能施行药物流产。

药流过程大约需要 2～3 天，其间要由经验丰富的护理师发药、指导并进行流产观察。流产后还要进行两次复查，以保证身体恢复健康。

3. 术后精心调养身体

至少在 3 日内停止任何剧烈运动，如果出现腹痛、呕吐或发烧等情形，应立即找专业医生就诊，以免耽误最佳的治疗时机，造成终生的悔恨。

不管我们处理得有多好，流产毕竟还是我们在学生期间稚嫩的心灵所难以承受的重量。我们不必压抑和歪曲对感情的表现，但要用智慧加以引导，使其向利于幸福的方向发展。

第**7**个决定
先工作，还是继续深造

大学生们在四年本科毕业后，往往踌躇于考研和工作之间，其实只要结合自身实际，选择自己认为正确的道路并坚定地走下去，选我所爱，爱我所选，就会有一番作为。

继续深造，心中不懈的追求

保研——少数幸运者的狂欢

考研是一条荆棘丛生的路，辛苦与受伤不说，一步走不对，就可能被挤下独木桥。但是，有人认为，这又是一条通往"高质量生活"的捷径，谁不走谁就是"傻子"。正因为有如此的认识，考研大军才得以不断扩充，同时读研的学费也不断攀升。在这种情况下，"保研"就显得尤为"吃香"了。为了争得一个"保研"名额，昔日情同手足的同学之间开始了明争暗斗，甚至互相诋毁，断送了同学情谊。能被"保研"无疑是幸运的，而能被保到外校读研的就更是凤毛麟角。这对于茫茫的考研大军来说，无疑只是少数幸运者的狂欢。

保研通常有 3 种情况：第一种情况，主要基于学习成绩的免试直推。这在保研名额中占了很大部分。它包括成绩优秀直推和特长生免试直推两种：一种是学校划定基本学习成绩要求，按照一定名额比例下发到各系、院、所，由系、院、所结合其他方面情况上报名单，再由学校审批。一般情况下只有班级前几名或者第一名才可能被免试推荐。另一种是学校为了招徕或留住特长人才，给予特别优惠，免试推荐就读研究生。常见的是体育类和文艺类特长生。这类名额非常少，要求很严，而且不是所有学校都有此类政策。第二种情况，校际间免试直推。教育主管部门为了鼓励高校间学术交流，近几年大力提倡向其他高校免试推荐就读研究生。由于各学校保研条件和学生学习状况的差异，有时候在本校难以获得保研资格的学生，在其他学校反而可能如愿以偿。因此，成绩排名比较靠前，并且估计本校保研希望不大的学生可以试一试跨校保研。不过，需要指出的是，多数学校对于推荐自己的学生去外校保研并不积极，因此学生自己应该去寻求有关这方面的信息，并主动与对方取得联系。第三种情况，免试推荐，保留入学资格。这类保送生不是马上就去读研，而是保留入学资格1～2年，先按照学校安排去有关部门工作，或作为教育部门选派人员去边远地区支教。此类保送的条件相对要低一些，但也不是人人都能申请，只有表现突出的学生干部或活动积极分子才有入选资格。最后强调，免试推荐并不代表不参加考试。许多学校为了确保推荐质量，还会加试些科目，例如英语、专业课等。另外，还会有复试。

保送本系的研究生没有什么经验好说，只要学习上用功就成。但是有许多优秀大学生很幸运地被保送到名牌大学的优秀院系中，他们的经验很值得大家借鉴。如果你也希望能够跨学校、跨专业被保送，那么请注意以下几个问题：

（1）你需要比其他同学更早确定自己的目标，并且尽可能地搜集有关信息，包括现在学校、院系的有关政策和你目标学校、院系的情况。在大三下学期的时候，你最好能专门去研究生院或者院系教务处那里打听一下。

（2）你应该有针对性地准备简历。所有的大学都希望研究生能有比较强的科研能力，所以如果你有公开发表的论文或者"挑战杯"的奖励那是最好的；你的外语水平应该不错，六级证书是必需的，面试的时候很可能也需要你讲英文；你还需要有两封由本领域知名学者写的推荐信。

（3）如果有可能，你最好能够单独写一封信给目标院系的院长，内容是简单介绍自己的有关情况，并陈述自己未来的研究计划，一定注意自己的语气，要做到不卑不亢。

（4）大部分学校都会有针对保送生的考试，考试的内容五花八门，所以你复习必须全面。为此，你应该了解目标院系的课程设置情况，购买他们使用的教材，熟悉该院系教授的研究方向。

你只要考试和面试发挥出色，那么最后的问题就不大了。

考研——只为求得过程的精彩

大学校园里流行着这样一句话："保研的过着猪一样的生活，找工作的过着狗一样的生活，考研的过着猪狗不如的生活。"

既然考研的生活如此艰苦，那么为什么每年还会有大批的毕业生或在职人员加入到考研的大军中去呢？据一些立志考取研究生的大学生说，在"为寻找就业出路"这一理由的背后，他们更看重考研经历对心智和体力的磨炼。他们这样不懈努力着，在渴望获取成功的同时，更是为求得一种过程的精彩。

鉴真和尚刚刚剃度遁入空门时，寺里的住持让他做了寺里谁都不愿做的行脚僧。

有一天，日已三竿了，鉴真依旧大睡不起。住持很奇怪，推开鉴真的房门，见床边堆了一大堆破破烂烂的芒鞋。住持叫醒鉴真问他为什么今天不外出化缘，堆这么一堆破芒鞋做什么？

鉴真打了个哈欠说："别人一年一双芒鞋都穿不破，我刚剃度一年多，就穿烂了这么多的鞋子，我是不是该为庙里节省些鞋子？"

住持一听就明白鉴真是在抱怨日子苦，他微微一笑，让鉴真随他到寺前的路上走走看看。

寺前是一座黄土坡，由于刚下过雨，路面泥泞不堪。

住持拍着鉴真的肩膀说："你是愿意做一天和尚撞一天钟，还是想做一个能光大佛法的名僧？"

鉴真说他希望能光大佛法，做一代名僧。

住持捻须一笑："你昨天是否在这条路上走过？"鉴真说："当然。"于是住持问他能否找到自己的脚印。

鉴真十分不解地说："昨天这条路又平又硬，小僧哪能找到自己的脚印？"住持又笑笑说："今天我俩在这条路上走一遭，你能找到你的脚印吗？"

鉴真说："当然能了。"

住持听了，微笑着拍拍鉴真的肩膀说："泥泞的路才能留下脚印，世上芸芸众生莫不如此啊！那些一生碌碌无为的人，不经风不沐雨，没有起也没有伏，就像一双脚踩在又平又硬的大路上，脚步抬起，什么也没有留下；而那些经风沐雨的人，他们在苦难中跋涉不停，就像一双脚行走在泥泞里，他们走远了，但脚印却印证着他们行走的价值。"

鉴真惭愧地低下了头。

选择泥泞的路才能留下脚印，不经历风雨，没有起伏的人总想在一片坦途上行走，终究不会有任何的收获。这也许正是备战考研所带来的重大意义。

这一年多辛苦的准备，自习教室里洒下的汗水，多少天昏天黑地的耕耘，到今天终于有了结果。成功者十分坦然，终于可以无悔地对自己说："我没有白努力"、"天道酬勤"。"一分耕耘一分收获"，这话一点不假，只要付出了，就一定会有收获的。

回首来路，多少艰辛，多少苦难，尽付笑谈中。黑暗总会过去的，迎接它的一定是光明。面对考研，你当作到：愿意付出，敢于付出；鄙视遗憾，抛弃遗憾；期盼收获，有所收获。

考研是一种心智与耐力的考验，它是优秀大学毕业生实现自我价值追求的更高起点。同时，它也是一场实力与能力的残酷竞争。因此，在选择加入考研队伍之前，你应该对此有个正确的认识。

1. 要对考研有个正确的态度

考研制度的确立，在于使人们通过继续学习达到汲取更多知识、拓宽知识面、提高认知社会、解决社会问题能力等的目的。为此，对于打算考研的大学生来讲，其主观上都必须确立一种考研是通过提高自身素质来服务于社会的服务意识和观念。

当然，强调服务于社会并不能简单排斥对个人利益的追求，考研个人通过提高自身素质而服务社会，社会也会根据其贡献大小给予相应的回报。一个人如果不具备正确的态度，将考研简单地视为镀金的光环、提高身价的砝码，就很难认真、努力地进行以汲取知识、提高自身素质为目标的研究生学习，其自身潜能就不可能得到充分挖掘，社会也必然给予其较低的回报，这是社会的公平性、竞争性所导致的必然结果。

2. 切忌盲目追求高学历

我们不能将考研视为适应社会发展需要、服务社会的唯一途径。社会需要各种层次的人才，掌握各种不同知识、不同技能的人应该均能在社会上找到发挥自身特长的一席之地。因此，不能将能否考上研究生作为衡量自己能否适应社会发展需要、服务社会的唯一标准。

同时，我们必须正确看待社会就业中存在的片面追求高学历的现象。高学历在一定程度上意味着高素质，但不能完全代表着高素质。尽管一些单位对所聘人员的学历要求很高，但对绝大多数单位而言，最终还是要看所聘人员实际掌握知识以及解决问题的能力。如果一个人具有较高学历，但不能很好地将所学知识运用于就业单位的实际工作中，则迟早要被淘汰。反之，如果单位片面追求聘用高学历人员，却不能提供让其充分施展知识技能的客观条件，则一个人学历再高也不会选择这样的单位。如果下定决心考研，那就别退缩，勇敢地挺过来，考研也并非想象中那么可怕，经历过高考的大学生还会惧怕考研吗？只有敢想，才会敢做，只有敢做，才有可能成功！如果你真的很想要一样东西，而且肯付出努力，老天就会给你相应的回报，"天道酬勤"的道理大家都懂。考研考的是毅力，所以目标确定后希望大家大胆地设想未来，并最终实现自己的理想。毕竟人的青春是有限的，有了梦想就该努力让自己的美梦成真。

在职读研——我欲求知，心愈切

许多应届毕业生往往拿不定主意，是先工作还是先考研？这是大学生毕业所遇到的第一个人生的十字路口，选择对了，今后的路会越走越顺；选择错了，悔断肠子也于事无补。一般而言，读研不外乎以下 3 种原因：

（1）升学的惯性。16 年的学习生活，让每个学生对升学"刻骨铭心"。应试教育体制教育出一批考试高手，难度越大的考试越能显示他们的水平，不考研不足以过考试的瘾。

（2）就业的压力。本科生就业压力逐年增加，读研已被默认为是一条缓解就业压力的行之有效的途径。

（3）待遇的差别。与本科生相比，无论是在找工作的难易程度上，还是在工作待遇上，研究生都明显占优势。更重要的是，这种趋势在最近很长一段时间里不会有很大的改变。因此，许多有实力的本科生都要在考研中一试身手。

所以，如果你现在急需要用钱，那就找工作吧，心态要端正，少挑三拣四。不过，如果你现在既想读书，又想工作，那该怎么办呢？那就认真准备，仔细复习，挑一个力所能及的专业，一鼓作气考上去。

俗话说，鱼与熊掌不可兼得，工作与读研也很难兼顾。这么简单的取舍关系常把许多大学毕业生搞得寝食难安。工作预示着有一份不菲的薪水、很好的工作环境，而这样的单位和机会都很难得，是可遇不可求的，读研则会暂时失去这些。放弃读研又不甘心，因为读研是对自己进一步的提高，是知识的升华。在大家都拼命挣扎在考研的水深火热之中时，自己却把这个到手的机会轻易放过，未免也有点太可惜了。于是，为了满足你求知的急切心理，在职读研可以算是一个两全其美的事情。

从经济学的期望收益观点分析，工作后再考研有很大的优越性。一是有经济基础支持。一般情况下父母供一个孩子到大学毕业已经掏空家财，再读研究生恐怕难以支撑。二是能稳定父母情绪。大学生毕业时差不多20岁出头，心急的家长们忙着张罗儿女的个人问题，没有一个稳定的工作，不好确定对象。三是实践和科研能力强。参加过工作，有部分社交，所以有可能自己找项目，毕业后找工作时有明显的优势。

如果再从机会成本分析，工作后每月工资为5000元，每月能结余3000元，3年的收入除去生活费用外尚结余10.8万元。如果努力工作，勤奋好学，3年后工作经验的积累以及在实践中所学知识的增加，已经不比刚毕业的研究生差了。

由此可见，在职读研不失为一种很好的求知途径。

那么，如果想要实现你的这一求知理想，具体应该怎样做呢？一般而言，在职考研有以下 3 种途径。

1. 参加全国硕士研究生入学考试

资格门槛：本科以上学历。

学习方式：全日制学习，学制 2 ~ 3 年。

学习费用：学费由国家财政拨款，因此在 3 条途径中属于最低的。由于该学习是全日制，对于在职人士来说，需要参加 3 年时间的全脱产学习，机会成本较高。加上考试费用、考前辅导班费用等，读个硕士成本也不低。

证书获取：可获得国家认可的学历证书和硕士学位双项证书。

入学难度：全国研究生入学完全是严进宽出的代表。据统计，2010 年研究生考试考生人数为 140 万，招生人数只有 46.5 万，录取比例为 3 ∶ 1。北大、清华、复旦等名牌大学，以及微电子、信息科学、生物医药、世界经济、国际金融等热门专业，由于报考者众多，录取率更低。据了解，一些名校热门专业的录取比例甚至为 70 ∶ 1，而一些二流学校的冷门专业却年年招不满。因此，入学难度取决于考生报考的学校和专业。

适合人群：全国硕士研究生入学考试考生一直以应届本科毕业生为主。以上海地区为例，2010 年共有 10.59 万余人报考硕士研究生，其中应届本科生占 61.5%。通过全国硕士研究生入学考试，参加全日制教学的途径，更适合于没有工作压力的应届毕业生，但对于那些希望完全转行，或是希望在职业发展上有较大飞跃以及希望进入大城市就业的在职人士，也可考虑这一途径，只是放弃工作参加学习，成本和风险都相对较大。

2. 参加专业硕士学位教育

资格门槛：本科学历加上一定年限的工作经历。

学习方式：半脱产，学制 2 ~ 3 年。

学习费用：专业硕士学费按照不同专业类别差别较大。例如，MBA 的学费要十几万甚至几十万元，而工程硕士的学费一般为 3 万 ~ 4 万元。还有些专业是全日制课程，需要辞职 3 年，因此教育成本是 3 种途径中相对来说最昂贵的。

证书获取：专业硕士学位考试主要是通过 10 月份联考的方式，修满规定学分、成绩合格并通过硕士学位论文答辩者，获得学位证书。但也有例外，如报读工商管理硕士、法律硕士、临床医学硕士、建筑学硕士等专业者，也可以参加 1 月份的全国统考，可同时获得学历、学位双证书。

入学难度：专业硕士的招生考试有 10 月份的"联考"和年初的"统考"两次机会，考生可自行选择。这两大国家级别的专业考试，由各招生单位自行命题、阅卷。不同专业的入学难度各不相同，热门专业相对难一些。例如，2010 年清华大学 MBA 的录取比例在 8 ∶ 1 左右；2010 年全国法律硕士录取率在 10% 左右。此外，"联考"和"统考"的难度也不一样，由于"统考"考生远多于"联考"考生，考试竞争激烈程度自然相对较大。不过，"联考"的考试虽容易，但录取时更看重申请者的工作背景和经验。

适合人群：专业硕士面向拥有一定工作经验、想进一步深造的在职人群，职业指向明确，让在职者通过边学习边考试的方式，在工作中更好地学以致用。当然，专业硕士的专业领域相对狭窄，供在职人士选择的面不大。

3. 同等学力硕士研究生统一考试

资格门槛：本科毕业，获学士学位后工作 3 年以上。

学习方式：在职学习，学制 2 ~ 3 年。

学习费用：不同学校收费不同，一般学费在每年 3500 ~ 10000 元。由于是在职攻读，因此相比于以上两种途径，花费最少。

证书获取：获得硕士研究生学位。

入学难度：同等学力申请读硕士采取的是"免试入学，边学边考"的方式，因此从表面上看，是获取学位最容易的一种方式。然而，在职学习者要最终获取证书，需要过 3 道关：一是通过学位授予单位组织的课程考试，一般学校会安排 14 ~ 18 门课程，每门课程必须修满学分并考试合格。二是通过同等学力人员申请硕士学位的外国语水平及学科综合水平全国统一考试。申请人自通过资格审查之日起，需在 4 年内通过学位授予单位的全部课程考试和国家组织的水平考试，否则本次申请无效。这项考试的难度较大，很多专业的通过率不到 10%。三是在通过全部考试后的 1 年内完成学位论文，并通过论文答辩。此外，还需要在国家统一刊号的杂志上发表学术论文。

适合人群：其灵活的授课时间和培养方式是目前最适合在职人员深造的。具体地说，从课程设置和师资来看，同等学力申硕与全国硕士研究生教育没什么区别；从授课方式和培养方向上来看，同等学力申硕更注重理论和实践的结合，打造应用型的高级人才。在职人士一方面可系统地学习研究生课程，获得硕士学位；另一方面由于同学都是有数年经验的职场精英，可以相互借鉴，扩大人脉圈，这点与 MBA 的作用相似。

十字路口——理性选择，贵在坚持

大学生们面临未来选择的时候，一定要搞清楚以下几个问题：第一，无论将来做什么，善于积累都是很重要的。并且，既要有学习的积累，更要有能力的积累，有时间要尽量去参加一些社会实践，为自己适应将来的工作奠定基础。第二，要能够清楚地分析自己适合走哪一条路，不要一味追逐热门行业。第三，人生的选择往往有很多偶然的因素、突然的变故，要学会承受这些"逆境"，要懂得人生的路不可能永远是一帆风顺的。第四，无论什么时候都不要放弃努力，不轻言失败。

如果你的家庭经济条件不好，本科专业就业情况也不算太差，自己又不太想做研究工作，活动交际能力也还可以，那么你可以选择先工作，今后有了一定的基础之后再继续深造。不少专家称，"先就业再考研"不失为一个两全其美的方法。在有较好的就业机会条件下，经过一定的职场历练后，自己可了解目前市场上需要什么样的人才。这样在今后读研时就有了明确的方向，不至于像无头苍蝇一样到处乱撞，而且此时自己也有了一定的经济基础，不用太担心读研带来的经济压力。如果你的家庭经济情况很好，并且将来研究生的专业有一定升值的潜力，自己又不太能适应社会，那么你可以选择先读研再工作。读研也是对本科知识的深化，如果你有搞学术研究的理想，可以一直坚持下去。

不管选择了哪条道路，选择之后的坚持和努力才是最重要的。对于选择就业的人而言，要通过自己的努力和奋斗让自己在职场上毫不逊色于研究生，3 年的工作经历可能积淀的是一笔巨大的财富。对于考研的同学而言，要争取让自己比本科生不只是多拥有一张文凭，在能力上也要有出色的表现，不要白白荒废 3 年的时间。或许 3 年后我们得到了一张研究生的学历证书，但我们要面对更加严峻的就业形势，而且在工作经验一栏我们是空白的，所以除了一张文凭，我们还要挖掘出本身的潜质来。

1. 专家支招——先算三笔账

"扩招赶不上扩报"，考研成功的概率并不比找到好工作的概率大。

对此，全国高等院校计算机基础教育研究会理事长谭浩强教授表示，如果不是有强烈的愿望希望自己在所学的领域有所建树，而只是为了逃避目前的就业压力，抱着不确定的心态考研，那么就不妨先算清三笔账，理性分析各种机会与成本，再看看考研是否适合自己。

首先是经济成本。如果考得上，3 年的学费和生活费也不是小数字。如果一次考不上，还要考第 2 次、第 3 次，成本更加惊人。

其次是时间成本。对于大多数企业来讲，它们更重视的是实际能力、实践经验和可塑性，因此一个新踏上社会的研究生并不一定比有着 3 年工作经验的本科生有太多优势。

最后是机会成本。这也是最重要的一点。以某高校的小王和小赵作比较，小王选择考研，放弃了找工作的黄金时段，而小赵选择了一份月薪 2000 元的工作。3 年后小赵的薪水达 5000 元，但没有工作经验的小王在研究生毕业后却不一定可以找到一份月薪 5000 元的工作。

2. 职业规划——职培更重实战

面对不少学生的彷徨，北大青鸟 APTECH 就业推荐部负责人张老师表示，如果学生不选择考研，并且对自己就业缺乏信心，选择一些专业培训机构提升自身的竞争力，不失为一种有效的解决方案。以通过培训后成功进入搜狐工作的余晖为例，在毕业前他也考虑过用考研来充实自己的学习内容，面临就业还是考研的问题时犹豫不决。最后他咨询了他大学期间实习的软件企业的项目经理，项目经理告诉他，他的项目开发能力不强，主要是缺乏实战训练和实际能力的培训。最后权衡之后，他选择了职业培训的道路。经过一年的学习，余晖在理论和实践方面都取得了极大的进步，现在已经进入搜狐做软件开发和网络开发工作，不但薪水可观，上升空间也很大。

另外，除了应届毕业生外，甚至有些研究生为了给自己未来的就业添一份筹码，也会参加职业培训。毕竟学历教育学到的多是理论，而真要找工作时还是要看实际能力。对此，职业规划专家提醒，在面临选择的时候，最关键的是要头脑清醒，要明确自己今后要走什么样的道路。对于那些学习成绩不是特别优秀同时对自己就业没有太大信心的在校生来讲，参加社会上的职业培训不失为一种现实的解决方案。如果选择得当，也会产生事半功倍的效果。

湖北工大外语系的女生小郑选择了暂时放弃考研而先就业，她的理由是现在考研的人如此之多，竞争激烈程度可见一斑，倒不如先就业。在工作的过程中如果觉得知识累积不够，发展受到限制，再来考研也不迟。

不论是选择读研还是就业，大学期间都应该既投入学习，又积极参加实践，具备综合能力，并且在确定了方向之后做出最大的努力从而获得成功。

留学——不走寻常人的道路

大学校园是各种社会思潮集聚的地方，在历史上也曾有过各种各样的热潮。这些年来大学校园里各种的热潮、热点、热浪也层出不穷，经商热、跳舞热、旅游热等，另外还有一个与学习有很大关系的"出国热"，这一热潮往往在毕业前的大学生中刮得更为强烈。

留学是一条与常人所走的求学道路不同的另一条求知捷径，当你决定出国时不妨先做好如下选择。

首先，选择你要留学的国家。考虑因素有经济能力要求、自身学术水平、专业特点、签证因素和个人发展方向等。

1. 经济能力要求

现在所有主流留学热门国家之中，美国留学对经济要求是最高的。虽然在美国留学一年的费用因不同的地域和学校而差距很大（从 10000 美元到 50000 美元不等），但平均水平在 30000 美元到 35000 美元之间，换算成人民币也就是 20 万~ 22 万元。其次是英国，一年在 15 万元人民币左右。再次为加拿大、澳大利亚，每年需要人民币 10 万~ 12 万元。另外新西兰、爱尔兰等国，每年 8 万~ 10 万元。新加坡、马来西亚等亚洲国家为每年 5 万元左右。

如果你选择自费留学，那么就应该根据家庭经济能力来选择留学的国家。因为在自费留学的国家当中，经济能力往往是决定申请者最终能否获得签证的关键因素。同时，为了弥补经济能力不足的缺陷，建议你选择可提供奖学金和公费教育的国家。除了最热门的美国之外，爱尔兰、加拿大、澳大利亚等国在硕、博段申请时均有获得奖学金的可能。提供公费教育的国家，以近年来的热门国家德国、荷兰为主。因为免学费，所以学生只需负担自己的生活费，一般每年需要 4 万～5 万元人民币，这对于很多留学家庭来说是完全可以承受的。

2. 自身学术水平

你在申请时的综合实力，包括语言能力、学习成绩、学术成就、个人特长等都是被考察因素。对于那些综合实力较强的学生，一般都会考虑选择美国、英国等老牌高质量教育的国家，然后是加拿大、澳大利亚、新西兰、爱尔兰以及其他欧洲国家。当然，所谓高质量教育国家只是一个相对概念——例如新西兰，全国只有 8 所综合性大学，国家整体教育质量一般，但奥克兰大学的排名为世界第 21 位，是真正的世界名校。

3. 专业特点

有些国家在某个专业领域具有明显的优势和领先地位。这也是我们在选择留学国家时需要考虑的——通过专业来确定国家，而不是一味选择那些热门的留学国家。比如美国的工商管理、加拿大的农业和环境、爱尔兰的计算机软件、德国的汽车工业、意大利的服装工业、瑞士的酒店管理等专业，都是全世界著名的。

4. 签证因素

如果没有签证因素的制约，99.9%的中国学生会选择去美国留学。现在，虽然许多学生面对美国的低签证率还是义无反顾，但亦有越来越多的申请人开始理智地进行选择。所以，了解各国签证率的大致情况，也十分重要——排在签证率最低的美国之后的加拿大、澳大利亚是 60%左右的签证率；新西兰 80%左右；英国、爱尔兰 90%左右；而新加坡、马来西亚、荷兰及其他一些欧洲国家为返签国家，签证率几乎可以达到 100%。

5. 个人发展方向

所谓个人发展，就是把眼光看得远一些，考虑一下学有所成之后的打算。如果从就业率考虑，美国是首选。此外，就读新加坡的公立学校也有一定的就业保障。从移民考虑，加拿大、澳大利亚、新西兰的优势明显，开放的移民政策，对国外留学生的优惠措施，是这3个国家成为近几年来留学热门国家的主要因素。

其次，选择的学校和专业。对于学校的选择，应该避免一味地追求世界名校。这一方面需要从自身实际能力出发，另一方面也要从专业角度来考虑——有些学校的综合排名一般，但在某个专业上却有优势。对于专业的选择，基本原则是尽量选择本专业，既能保障自己申请入学和奖学金的成功率，又有利于签证时合理阐述自己的学习计划。对于某些不得不更改的专业，比如医学和法律（因为国内这两个专业的本科毕业生很难申请到国外相同专业的硕士课程），可以转变为相关专业——医学可以转成健康科学、大众健康或生理学、解剖学等；法律专业可以转成犯罪学、法学研究等。对于英语专业的学生，本身相当于没有专业，可以转成教育学或工商管理。其中，工商管理可以接受专业不对口的学生，但前提是学生要有相关的工作经验，它可以说是许多毕业后工作与专业无关的学生最佳或许也是唯一的选择。

最后，你要选择适合自己的语言考试。你只有具备了一定的外语水平，才可以出国留学，才能适应留学国家的学习和生活环境。语言是留学最重要的一关。由于每年去美国留学的人数最多，所以在此我们就以美国的语言考试为例来分析。

美国的大学都要求外国留学生参加TOEFL考试，即"外国学生英语考试"（Test of English as a Foreign Language）。去美国攻读硕士学位的学生还要提供GRE考试的成绩，即"研究生入学考试"（Graduate Record Examination）。如果你想到美国的大学里担任助教，还要参加TSE考试，即"英语口语考试"（Test of Spoken English）。

TOEFL和GRE是最常见的英语考试。你在大二时就应该开始背单词，进行热身准备了。在准备过程中，你可以参加新东方学校开设的英语辅导班，背背新东方学校的校长俞敏洪编写的"红宝书"（单词书），学学辅导班老师传授给你的学英语之道和应试技巧，还可以听听新东方老师给你讲的许多出国者的励志故事。一般来说，TOEFL的准备时间为2～4个月，GRE的准备时间为4～6个月，不要拖得太久。到了大三，你就要参加考试了。

工作后，学习的脚步不停歇

工作也是一种学习

如果你既不选择出国留学，也不准备在国内读研，那么你的打算就是在大学毕业后直接走上工作岗位了。从 1999 年起，我国高校连年扩大招生规模，使得近几年的大学毕业生数量也随之猛增。据统计，2004 年全国高校毕业生为 280 万，2005 年为 333 万，2006 年达 413 万，2007 年达 495 万，2008 年达 559 万，2009 年达 610 万，2010 年达 631 万，而且以后还会继续增长。毕业生数量跳跃式地增长，就业大军的队伍自然是非常庞大的，而与之相对的是，社会上对于人才的需求则增长缓慢。因此，用人单位对毕业生更加挑剔，而毕业生之间的竞争也日趋激烈。面对着日益严峻的就业形势，你必须为寻找一份称心如意的工作做好充分的准备。

如今的职场竞争越来越激烈，就业——下岗——再就业——再下岗已成为司空见惯的事。技能单一，只会做一种工作，换一个岗位就不"灵光"的人，今后所走的路会越来越窄，日子会越来越不好过。如果说 21 世纪复合型人才大受欢迎的话，技能单一的人遭到冷遇就是非常自然的事了。在竞争日益激烈的职场中，你以为找到了一份工作就可以高枕无忧、一劳永逸的话，那就错了！现在没有多少人敢讲自己在一个企业里能永远保住饭碗，特别是在新兴职场这个藏龙卧虎、新人辈出的地方。任何一个新人稍不留神就有可能不适应职场的日益更新，被别人远远地抛在后面，或面临淘汰出局的危险。因此，在工作的过程中，你学习的脚步千万不可停歇，并且在读大学时就应该开始培养一种终身学习的理念。

现代的企业需要的是上天能飞、入水能潜的"千手观音"型的员工，如果想避免在职场中成为"积压物资"，能够"立于不炒之地"，唯一的办法就是保持一种竞争的理念，努力激活自己，学习、学习、再学习，提高、提高、再提高，多学几手，一专多能，成为工作的多面手。只有这样，才不至于"一棵树上吊死"，就是一旦下岗，也能够心中不慌，并且能够很快重新找到施展才能的地方。

现在人才素质的能力导向已经成为一种世界潮流。世界已进入了"能力主义"时代，衡量人才的主要标准是品德、知识、能力和业绩，提出不唯学历、不唯职称、不唯资历、不唯身份，不拘一格选人才、用人才。今天，市场竞争残酷性的一面就是，它从不认你曾经是什么，而只管你现在是什么、将来能成为什么。你有真材实料就不用怕竞争，不用担心被"炒鱿鱼"，不用担心在竞争中败下阵来。那么，什么是真材实料呢？就是你的本事、智慧、能力和内在素质。当今年轻人对"饭碗"品级的新评价是："关系是泥饭碗，是会碎的；文凭是铁饭碗，是会生锈的；本事是金饭碗，是会升值的。"如果想获得一个金饭碗，最好的办法只有一个：学会学习，并且不放弃工作中任何一个学习的机会。

大学教育的终点应该是自我学习的开始，其目的不再是为了高分或者为了确保就业，而是培养对周围事物的理解力。

我们只有始终坚持学习、了解周围世界，未来的钥匙才能掌握在我们自己手里。这种学习可以使我们保持敏感和活力，可以处处先发制人，而不是后发制于人，还可以为我们的生活带来一些积极的变化，促使我们的自我意识得到不断提高。

学习实际包括了很多层面的内容：知识、信息、技能、价值，还有领导能力。每个人可以有自己的着重点。同时内在的技能也不可忽视，它包括对自我和他人的了解，发现自己的禀赋和渴望以及意识到自己真正的潜能。选择这些方面的学习，事实上意味着选择了一种生活方式：我们自己主动为我们的生活寻找变化，那些未知的领域不再让我们感到害怕，相反，我们会怀着浓厚的兴趣去探索它的奥秘。

一旦我们踏上征程，开始关注、了解我们周围的世界，我们很快就会得到回报。在这里，学习就意味着发现、唤醒、思考，学习的过程就是不断为我们带来自信、果断、欢乐和兴奋的过程。

这种学习的一个重要内容是，摒除了我们思想中的旧观点、旧习惯，为新思想的产生创造了条件。这时候，你需要放弃自己以往的思考方式，用新的思想取而代之。

在工作中我们要学习的包括各种技术、人的和社会的技能，其中与人本身相关的那些技能，是我们学习、掌握其他技能的基础。此外，社会的技能也很重要，我们和家庭、朋友、同事以及其他人的关系处理得如何，将直接决定着我们是否幸福和成功。

技术方面的技能则多数和从事的职业有关。如果我们希望在自己从事的领域出人头地，那么，掌握这些技能非常重要。我们需要先了解，要想在专业领域获得成功，有哪些技能需要掌握。永远不要间断对自己的培训、教育，而要学会和这些领域的成功者多接触、交流，并不断向他们学习更为丰富的经验。

学习是陪伴工作的"挚友"

有人提出这样一个命运公式，即"人的命运＝机会＋能力"。在这个公式里，机会是永远都有的，就看你有没有能力去抓住它。机会不是我们的掌中之物，但能力却是可以自行培养、自我掌握的。这种能力就是专业知识、工作经验及智慧，而终身学习正是累积能力的唯一途径。这种学习与你的工作分不开，并且是在工作中培养起来的。一旦你的学习具有一定的目标性、方向性，你便能在工作中获得更多的乐趣和满足感。

汤姆·布兰德起初只是美国福特汽车公司一个制造厂的杂工，他在认真做好每一件小事的工作态度中获得了极大的成长，并且在32岁时成为福特公司最年轻的总领班。

他20岁时进入工厂，一开始工作之后，他就对工厂的生产情形做了一次全盘的了解。他知道一部汽车由零件到装配出厂，大约要经过13个部门的合作，而每一个部门的工作性质都不相同。他当时就想，既然自己要在汽车制造这一行做点事业，就必须要对汽车的全部制造过程都有深刻的了解。于是，他主动要求从最基层的杂工做起。杂工不属于正式工人，也没有固定的工作场所，哪里有零星工作就要到哪里去。汤姆通过这项工作，和工厂的各部门都有所接触，对各部门的工作性质也都有了初步的了解。

在当了一年半的杂工之后，汤姆申请调到汽车椅垫部工作。不久，他就把制作椅垫的手艺学会了。后来他又申请调到点焊部、车身部、喷漆部、车床部去工作。在不到五年的时间里，他几乎把这个厂各部门的工作都做过了。最后，他决定申请到装配线上去工作。

汤姆的父亲对儿子的举动十分不解，他担心汤姆总是做些焊接、刷漆、制造零件的小事，会耽误前途。

汤姆笑着说："爸爸，您不明白。我并不急于当某一部门的小工头，我以整个工厂为工作的目标，所以必须花点时间了解整个工作流程。我是把现有的时间进行最有价值的利用，我要学的不仅仅是一个汽车椅垫如何做，而是整辆汽车是如何制造的。"

当汤姆确认自己已经具备管理者的素质时，他决定在装配线上崭露头角。汤姆在其他部门干过，懂得各种零件的制造情形，也能分辨零件的优劣，这为他的装配工作增加了不少便利。没有多久，他就成了装配线上的领军人物，并最终成长为15位领班中的总领班。

这是一个知识经济的时代，竞争日趋激烈，信息瞬息万变，盛衰可能只是一夜之间的事情。你只有不断学习、善于学习，才能不断获得新信息、新机遇，才能在激烈的竞争中获得成功。反之，你个人将会被淘汰，企业终将走向失败。

学习，是人的一生中最重要的一项投资，是伴随人们终生的最有效、最划算、最安全的投资，任何一项投资都比不上这项投资。富兰克林曾说，花钱求学问是一本万利的投资，如果有谁能把所有的钱都装进脑袋中，那就绝对没有人能把它拿走了！

许多走出校园的人至今仍未能摆脱老观念的束缚，总觉得学习是学校里的事，走出学校后就不需要继续学习了。罗曼·罗兰曾经说过："成年人慢慢被时代淘汰的最大原因不是年龄的增长，而是学习热忱的减退。"如果你想在走出校门后获得事业上的不断成功与发展，那么你就要始终保持学习的热忱，在走出校门后继续学习、终身学习。

别让工作分了学习的心

当你走出校园，走进职场，不管你从事的是哪种行业，没有知识总是愚蠢和可怕的，不继续深化知识和技能更是可悲的。因为这意味着你丧失了继续前进的动力，意味着你很难对周围不断发展的事物进行理性的分析和理解，意味着你将失去人生的方向，并有可能被掌握更多新知识和拥有新技能的人取而代之。所以，不要误以为学习会耽误你的工作，并因此而放弃了学习。

有一位勤劳的伐木工人，被命令砍伐 200 棵橡树。接受任务以后，他毫不拖延地投入到了工作当中，每天工作 8 个小时。可是渐渐地，他发觉自己砍伐树木的数量在一天天减少。他开始想："一定是我工作的时间还不够长。"于是除了睡觉和吃饭以外，其余的时间他都用来砍伐橡树，一天要工作 13 小时。但他每天砍伐树木的数量却有减无增，他陷入了深深的困惑之中。

一天，他把这个困惑告诉了雇主。雇主看了看他，再看了看他手中的斧头，似乎找到了问题的原因，于是微笑着问他："你是否每天都用这把斧头伐树呢？"工人有些疑惑，但仍认真地回答："当然了，没有它我可什么也干不了。"雇主接着问道："那你有没有磨利这把斧头呢？"工人的回答是："我每天勤奋工作，伐树的时间都不够用，哪有时间去磨斧头呢？"

其实，"磨刀不误砍柴工"，你要想不断提高自己的工作效率，就必须先把自己的工具打造好，这种工具也包括一种能力、一种经验。

一个人的成功，并不是战胜别人，而是战胜自己。因为，你不可能也不可以去阻止别人的进步，你唯一能够改变的就是你自己。而改变自己的唯一途径就是不断地努力学习。通过学习，可以改造内在的品性与能力，从而改变外在的处境与地位。只有战胜自己的人，才是最伟大的胜利者、成功者。"欲胜人者必先自胜。"一个对知识和技能马马虎虎、不把工夫放在自己身上的人，是必然会失败的。那么怎样才能通过学习知识与技能，来不断战胜自我呢？毫无疑问，只有充分运用你的学习能力。

有太多的成功人士如昙花一现，他们之所以很快地就被别人超越，就是因为陶醉在过去的辉煌当中，忽视了继续学习。而我们这些在职场中打拼的普通人，更不要忘了在工作中学习，把工作视为自己的第二课堂，因为只有这样，我们才能不被这个社会淘汰。因此，即便是工作，你也不能忘了学习，不能让工作分了你学习的心。

未来，让梦想照进现实

看清理想与现实的差距

网上有人感叹：大学生找工作怎么这样难呢？是不是自己没有一技之长？还是用工单位选人太偏激？是自己求职心太急，还是求职定位太高？抑或求职心态不稳？

其实大学生找工作难主要是因为自身起点较高，因而对工作条件、薪水待遇本身要求也较高，不愿意屈就造成的，是现实与理想之间的差距在作祟。理想与现实是可以相互转化的。当你看清了两者之间的差距，就要用具体的行动来消除这种差距。

刚刚走出校门的大学生，往往志向远大，不肯把眼睛放在身边的小事上，他们好高骛远，只盯着远方的理想，而没有看清现实的状况。

俗话说，"不积跬步，无以至千里，不积小流，无以成江海。"美好理想的实现从来都不是一蹴而就的，而是一个不断积累的过程。因此，那些对琐事不屑一顾、处理问题时消极懈怠的人，鲜有成功者。这类人往往好高骛远，眼高手低，成功对他们来说就是等待天上掉馅饼的机会。而最终的成功者，无不是能对自己从小事严格要求，做到"席不正不坐，不正不食"、"勿以善小而不为，勿以恶小而为之"的人。

大事是由众多的小事积累而成的，而理想的实现也是从现实中的小事开始的，忽略了小事就难成大事。从小事开始，逐渐锻炼意志，增长智慧，日后才能做大事，而眼高手低者，是永远干不成大事的。通过小事，可以折射出你的综合素质以及你区别于他人的特点。从干小事中见精神、得认可，以小见大，见微知著，赢得人们的信任，你才能得到干大事的机会，你的理想才有可能实现。

有一个青年画家，由于功夫不够，生性又草率，画出来的画总是很难卖出去。他看到大画家阿道夫·门采尔的画很受欢迎，便登门求教。

他疑惑地问门采尔："我画一幅画往往只用一天不到的时间，可为什么卖掉它却要等上整整一年？"门采尔沉思了一下，建议他倒过来试试，也就是要是他花一年的工夫去画一幅画，那么，只要一天工夫就能卖掉它。

起初这个青年画家有些不敢相信，门采尔严肃地说："对！创作是艰巨的劳动，没有捷径可走，试试吧，年轻人！"

青年画家接受了门采尔的忠告，回去后苦练基本功，深入生活搜集素材，周密构思，用近一年的时间画了一幅画。果然，不到一天的工夫画就被卖掉了。

这位青年前期的表现不由地让我们想到了即将踏入社会的大学生，他们往往对自己评价过高，不能肯定别人的长处，这是他们悟性发展的极大障碍。不少这样的大学生，他们有一定能力，但只是聪明而已，还没有达到聪慧的程度。他们有的个性很强，强到外力碰不得，这样自然就不会得到别人的栽培；还有的总把自己做的八分成绩看成十分，把别人做的八分成绩看成六分，因此便没有人敢与他相处了。你应看清理想与现实的差距，把职业当事业干。这个社会需要的是特别在乎有自我表现的舞台和机会的年轻人，需要的是为国家富强把职业当事业干，并且干劲足、悟性强的年轻人，而不是单纯求职的人。

尽快适应竞争的社会

社会竞争越来越激烈，近几年我国新增劳动力呈上升趋势，而就业机会相对减少。劳动就业压力逐渐增大，这自然加重了毕业生就业的压力。与此同时，毕业生的数量年年增加，普通高校毕业生已经从 2004 年的 280 多万增加到 2010 的 630 多万，而近几年劳动力需求却没有多少增长。因此，在就业过程中，竞争是不可避免的，必须做好充分的思想准备。毕业生就业引入"双向选择"，必然是机遇与竞争并存。在相同的机遇面前，谁更具有竞争力，谁就能占据主动，赢得机遇。因此，你必须尽快适应这个竞争的社会。

有这样一个小故事：

两人在树林里过夜，早上，突然从树林里跑出一头大老虎来，两个人中的一个忙着穿球鞋。另一个人对他说："你把球鞋穿上有什么用？我们反正跑不过老虎啊？"忙着穿球鞋的人说："我不是要跑得快过老虎，我是要跑得快过你。"

年轻人最丰富的资源是时间，如果不充分利用时间来换取其他的资源，而是敷衍了事，那最后的结果只能是你白白地浪费了用在"小事"上的时间资源，没有任何收获。一年甚至几年的时间流逝了，你却依然揣着最初的资源，甚至更少。这无疑是所有可悲事情中最可悲的一种。

有关专家说，把一个应届毕业生培养成一个合格的企业员工至少需要 1 年时间，培养成骨干至少要 3 年。大学生缺乏实践能力，这很正常，但你要虚心学习。今年来某公司的应届毕业生里，有两位来的第一天就向老总提要求：工资 4000 元，要住单间，"三险"一样不能少。老总答应了。但他们动手能力很差，给一台电脑，让他们把一摞文件打出来，再用电脑打孔装订成册。他们不会，说学电脑没学过打孔。于是公司派一个秘书教他们打孔，但他们不虚心学习，一边唠叨这么简单，一边漫不经心。过了一段时间，"孺子不可教也"，公司只好请他们走人。直到离开公司时，他们还不会打孔。

绝大多数初入职场的年轻人——不管在哪个领域，从事什么样的工作，都会经历一段或长或短的做小事的"蘑菇期"。在那段时间里，年轻人就像蘑菇一样被置于阴暗的角落，时常有"大粪"临头，处于自生自灭的状态。无论多么优秀的人才，在工作初期都有可能被派去做一些琐碎的小事。在这种情况下，有一句重要的忠告需要年轻人铭记在心：与其浑浑噩噩浪费时间，不如从你经手的每一件琐事、每一件小事中得到成长。从妥善处理点滴小事的过程中，你的能力及工作态度就可能被领导者和同事认可，你优秀的个人形象也会在潜移默化中得到塑造。

柏拉图因为一个小孩玩一个荒唐的游戏而责备他。小孩子不高兴地反驳说："就因为这点小事，你就责备我？"柏拉图语重心长地回答说："如果养成了习惯，可就不是件小事了。"如果你懒得尽心做小事，养成了马虎懒散的工作作风，那情形就会很糟糕。当你能胜任的大事摆在面前时，你可能会不由自主地以一贯的作风去做它，结果必定会失败。

我们将要面对的世界，是一个充满变化并且竞争非常激烈的世界。因此你跑得快不快，很可能成为决定成功和失败的关键。"快"、"好"、"能干"、"聪明"其实都是相对的形容词，做好竞争的准备，设法在社会竞争中脱颖而出是非常重要的。

决定前的准备：
你到底适合走哪条路

大学这趟列车已经到站，下一站要开往哪里？留在这个路口，你会选择什么？是不是感觉一样迷茫？所以，如果你想要做一个适合自己的决策，就必须对自己有明确的了解。每个人只有发挥自己的优势，才能最大限度地挖掘自己的潜能。因此，在做出选择时，你能清楚地认识自己是尤为重要的。你在大学里得到的经验使你能够思考、解决问题、应用所学于有兴趣的领域。

毕业后，你会面临如下的许多选择，看一下哪些是你决定去做的事情。

（1）继续留在大学里约一个学期左右，修习一些选修课程和其他因为当初忙于必修科目想修却无法修的课程。上一两门可帮助你决定生涯旅程的课程。

（2）找一份全职的工作。

（3）找一份兼职的工作。

（4）找一份实习的工作。

（5）如果你是专科毕业，那么可以继续进修学士学位的课程。假使你已获得学士学位，那么当个全职的研究生，或半工半读亦可。

（6）在数个月内什么事都不做。

（7）旅游。

（8）在你真正有兴趣的领域里找份理想的工作。

（9）搬到另一个地方，并做一些与过去几年所做的截然不同的事。

（10）抽出时间让自己重新认识自己的家庭及家人。决定是否与另一半建构与学生时代不一样的关系。

有理想没有行动是一个梦，有行动没有理想是一种浪费，理想加上合适的行动才可以改变整个事情。我们中绝大多数人注定要在平凡中度过一生，但这并不妨碍我们拥有自己的理想。要追求自己的理想，就不能和着别人的舞曲跳舞。要学会仔细倾听自己内心深处发出的声音，把自己的主客观条件无条件地接受下来。你不必在乎别人在做什么，只要知道自己要做什么、为什么做。其实你的对手不是别人，而是你自己。做适合自己的选择，走适合自己的道路，就会拥有属于你自己的成功人生。

第 **8** 个决定
完美择业，捉住我的机遇之"鱼"

"大学是为社会设立的，不为社会创造人才，简直可以关门。"某位教育家说。大学只是培养能力的平台，社会才是你真正施展拳脚的舞台。如何走向社会，你做好准备了吗?

扫码获取更多资源

认真分析，谨慎选择

选择职业的要素

在你的一生中，职业具有重要的意义。因为职业生活是最有价值的活动领域，你选择职业，职业也选择你。一方面你根据社会需要、个人意愿、能力和个性特征，选择适合自己发展的职业；另一方面，职业也对你进行选择，不同职业对求职者的知识、能力、心理品质等有不同的要求。因此，选择职业前你需要了解一些职业的素质特征，并有意识地培养自己的职业素质，这样才能保证你在职业选择和职业实践上的成功。

美国著名的职业生涯指导专家兰霍德将职业选择看作一个人人格的延伸。他认为，职业选择也是人格的表现。同一职业团体内的人有相似的人格，因此对很多问题会有相似的反应，从而产生类似的人际环境。

可以说，个人的人格与工作环境之间的适配和对应是职业满意度、职业稳定性与职业成就的基础。由此，霍兰德假设：在我们的文化里，人可以分为6种人格类型：现实型、研究型、艺术型、社会型、企业型和传统型，人所处的环境也可以相应照此划分。这6种类型可以按照固定顺序排成一个"六角型"。

现实型（R）：有运动机械操作的能力，喜欢机械、工具、植物或动物，偏好户外活动。

传统型（C）：喜欢从事资料工作，有写作或数理分析的能力，能够听从指示完成琐碎的工作。

企业型（E）：喜欢和人群互动，自信、有说服力、有领导力，追求政治和经济上的成就。

研究型（I）：喜欢观察、学习、研究、分析、评估和解决问题。

艺术型（A）：有艺术感知、创造的能力，喜欢运用想象力和创造力在自由的环境中工作。

社会型（S）：擅长与人相处，喜欢教导、帮助、启发或训练别人。

通过测试，可以找到个人的职业代码。比如一个代码为 ASI 的人在艺术型、社会型、研究型三方面得分较高，他最适合做的是艺术家、画家、记者等。因此，你可以由此来确定一下自己最适合的职业。

在选择你的择业要素过程中，你应对可能遇到的阻力与助力等彻底了解，为自己积累未来可用的职业资本。这些"资本"包括以下因素。

1. 教育背景

不同的工作对学历的要求各有不同。学历低，知识面窄，找工作就有局限。因此，要趁现在年轻、精力充沛，抓紧时间多学习，掌握充足的知识，为以后的发展打下基础。

2. 技能（或称本领）

要交好运，首先得有本领。做什么工作是你比较擅长的？在了解这个问题的基础上，你可以选择倾全力去学习这项本领，比如设计产品、推销等。比起毫无特长的人来说，你在生活中就有很多的选择机会。今后面对雇主，你就能理直气壮地说出你能为他们做什么事。

3. 动力（或称态度）

你在工作中愿意付出多少努力？你的耐挫力怎样？你渴望把事情做到什么程度？你会为怎样的想法而激动？你认为做什么事很有价值？你和哪些人交往，他们对你有什么期望？你和他们在一起会增强你的进取心吗？如果你的动力很强，很热心做事，自然会处处受到欢迎。

4. 朋友

清点一下你的"人情账"，你有朋友吗？你有怎样的朋友？他们是否有才能？是否体贴人？是否喜欢运动？是否在培养有益的爱好？你要学习交好朋友，因为朋友对你的人生态度和观点影响很大，你从中可以积累与人交往的经验。

5. 经验

你在生活中会有各种经历，无论经历是好是坏，只要你留心总结经验，你学到的东西就都是你成长所需要的。你积累的经验越多，在今后应聘工作时就越能胜人一筹。平时，你要主动去计划一些事，多找一些锻炼自己的机会。害怕困难、寻求安逸是平庸者的生活态度。

6. 身心健康

身体、心理的健康是你最重要的"资本"。只有拥有健康的身体，你才能够更好地应对任何突如其来的紧急事件。

以上 6 个因素将影响到你择业要素的选择与实现。此外，由于近年来社会的快速变迁、科技的高速发展、市场竞争的加剧，对个人的发展产生了很大的影响。在这种情况下，你如果能很好地利用外部的环境，就会有助于事业的成功；否则，就可能处处碰壁，难以成功。社会在进步，在变革，作为社会的一分子，我们应当把握社会发展的脉搏。这就需要我们对社会大环境做出分析：当前社会政治、经济的发展趋势；社会热点职业门类分布及需求状况；自己所选择的职业在目前与未来社会中的地位情况；社会发展对自身可能的影响；自己所选择的组织在未来行业发展中的变化情况，在本行业中的地位、市场占有情况及发展趋势。通过分析，有助于我们把握职业社会需求，使自己的职业选择紧跟时代脚步而不落伍。

明确你的职业倾向

假设给你一个圆，你可以测出很多变量，半径、直径、周长、面积等。但在这诸多可观察的变量中最基本的因素只有一个——半径。对于一个人，可观察的变量几乎是无限的，身体的、心理的、知识的、能力的等许多方面。而仅就能力一个方面来看，又有观察力、记忆力、反应力、注意力、理解力、反应速度、言语运用、计算速度等许多内容。

在人的可观察的无数变量中，有没有最基本的因素呢？如果从职业能力角度讲，应该有一个最基本、最主要的因素，这就是职业能力倾向。每一个人的职业能力倾向都是不同的，因此了解自己的职业能力倾向对选择职业至关重要。

职业能力倾向是影响到人的某一类活动的一种特殊能力。在没有被开发出来时，它只是潜在的，因而被称为能力倾向。职业能力倾向影响到人的某一类活动，但对其他的活动影响很小。职业能力倾向对人的职业成就水平至关重要。比如，你在某一职业领域郁郁不得志，而在另一职业领域就可能取得巨大的成功。由此，在你择业之前一定要先明确你的职业倾向。

如下一个小测验，可以测试你在哪些工作上具有最大的倾向或潜力。请对下面的题目回答"是"或"否"，答完题后，你将会对自己能胜任的工作有一定的估测。

（1）当你在看一本有关谋杀案的小说时，你常能在作者未告诉你之前便知道谁是罪犯吗？

（2）你很少写错字、别字吗？

（3）你宁愿参加音乐会而不愿待在家里闲聊吗？

（4）墙上的画挂歪了，你会想着去扶正吗？

（5）你宁愿读一些散文或小品文而不去看小说吗？

（6）你常记得自己看过或听过的事实吗？

（7）你愿少做几件事但一定要做好，而不愿意多做几件马马虎虎的事吗？

（8）你喜欢打牌或下棋吗？

（9）你对自己的预算均有控制吗？

（10）你喜欢学习闹钟、开关、马达发生效用的原因吗？

（11）你喜欢改变一下日常生活中的一些惯例，使自己有一些充裕的时间吗？

（12）闲暇时，你较喜欢参加一些运动而不愿意看书吗？

（13）对你来说数学难不难？

（14）你是否喜欢与比你年轻的人在一起？

（15）你能列出 5 个你自认为够朋友的人吗？

（16）对一般你可办到的事，你是乐于帮助别人还是怕麻烦？

（17）你是不是不喜欢太琐碎的工作？

（18）你平时看书看得快吗？

（19）你相信"小心谨慎"、"稳扎稳打"这句至理名言吗？

（20）你喜欢新朋友、新地方与新的东西吗？

下一步，你先圈出全部答"是"的答案，然后算算前 10 题中有几个"是"的答案（第一组）。再算算后 10 题中有几个"是"的答案（第二组）。

比较一下这两组答案：如果第一组中的"是"比第二组中的多，那么表明你是个精深细致的人，能从事耐心琐碎的工作。诸如：医生、律师、科学家、机械师、修理人员、编辑、哲学家、工程师、技术工人等。

如果第二组中的"是"比第一组多，那么表明你是个广博的人，最大的长处在于能成功地与人交往。你喜欢有人来实现你的想法。适合的工作包括：人事、顾问、运动教练、计程车司机、服务员、演员、推销员、广告宣传的执行者等。

如果你在两组中的"是"大致相等，那就表明你不但能处理琐碎细事，也能维持良好的人缘关系。你适合的工作包括：护士、教师、农民、建筑工人、秘书、商人、美容师、艺术家、讲师、图书馆管理员、政治家等。

明确你的职业倾向应当从认识自我开始。因为，影响一个人社会职业角色的最重要因素是个人的自我意识。一些社会学家认为，自我认识不仅是个人所扮演的各种角色的总和，而且是个人了解自我扮演各种角色的能力。认识自己是有多大分量的人，便会从事相当分量的工作。而且，无论是老师、领导、同事、父母还是朋友也都会以此标准来要求我们，因此就建立起了一个循环过程。

只有认识自我，才能更加明确你自己的职业倾向，并相信自己终会成功。自我预言的客观基础在于我们怎样看待自己，从而把自我价值、自我特性与职业倾向、事业目标恰到好处地结合在一起。

分析自己的实力

近几年来许多高校大幅扩招，大学生就业成了一个越来越严峻的社会问题。经过客观、冷静地思考之后你就会发现，社会为大学生提供的工作机会并不少，每次人才交流会后，都有很多企业空手而回，很多职位无人应聘。现在的事实是，一方面企业招不到人，另一方面大学生找不到工作。这种尴尬现象背后的原因就在于很多大学生心态浮躁，眼高手低，不肯正视自己的情况，一味追求高起点。然而，对工作期望过高的最终结果是他们更加难以适应现代社会激烈竞争的情况，更加人为地抬高了就业的门槛，造成了"高不成、低不就"的尴尬情况。即使有些单位对他们感兴趣，也会因为他们不切实际的要求而望而却步。因此，处在择业期的大学生是否能够理智、清醒地分析自己的实力是十分必要的。

个人的实力是一个外延十分宽广的概念。在现代社会，主要包括掌握知识的能力、处理人际关系的能力、处理复杂问题的能力、吃苦耐劳的能力等；其中还包括自己的既有实力，自己拥有的知识水平、人际关系、身体素质、家庭环境、财力状况等。认识自己是非常困难的，甚至有人指出：人生最大的难题莫过于认识你自己！

许多人谈论某位企业家、某位世界冠军、某位著名电影明星时，总是赞不绝口，可是一联系到自己，便一声长叹："我不是成材的料！"他们认为自己没有出息，不会有出人头地的机会，理由是："生来比别人笨"，"没有高等学历"，"没有好的运气"，"缺乏可依赖的社会关系"，"没有资金"，等等。而要获得成功就必须要正确分析自己的实力，坚信"天生我材必有用"。

由于每个人的实力都有不同侧重，因此，你应该努力找到你能力的侧重点。事实上，有很多人以为自己所具有的某些才能只是一些不登大雅之堂的"小玩意儿"，根本不曾妄想过利用这些"小玩意儿"来提高身价。正因为我们怠于思考自己所拥有的才能，所以也懒得活用上天赐予的最佳礼物。

同时，社会上的任何一种职业对劳动者的能力都有一定的要求，如果缺乏自己意向选择的职业所要求的特殊能力，就难以胜任工作。所以，青年人在选择职业时绝不能好高骛远或单从兴趣出发，要实事求是地检测一下自己的学识水平和职业能力，这样才能找到"有用武之地"的合适工作。

最清楚你实力的人应该是你自己。选择一个有利于自己发展的职业非常重要，当你在这方面犹豫不决时，你应该问问自己最适合做哪些工作，这样有助于你思考自己真正的实力所在。

预测行业未来发展趋势

分析了自己的实力之后，在变幻莫测的社会经济中，你是否找到了合适自己的职业定位？再进一步来讲，你所定位的职业是否是一个热门的行业，你的工作是否受人欢迎？想要弄清楚这些问题，你必须先预测一下行业未来的发展趋势。

要了解社会这个大舞台以及它的行业发展情况，就要了解社会对自身人文素质的要求以及职业市场对自我职业素质的核实标准。

随着市场经济的向前推进，市场人才价格越来越与行业需求趋势相融合，也就是说有什么样的行业需求走向，就有什么样的人才市场定位。市场定位归根结底决定于人们德（人文素质）、才（知识结构）、学（可塑能力）综合条件的较量，素质好、能力强的人往往更容易找到理想的职业或职位。

下面是中国目前热门的十大行业，正在飞速发展。

（1）财务金融：历来财务金融的收入比较高，这个依旧是吸引求职者的关键，但同样竞争会比较激烈。

（2）行政助理：协助经理展开工作，行政助理以保障公司运营为主，工作内容比较多元化，但也比较基础。这类职位稳定，压力较小，尤其受女性青睐。

（3）物流采购：指包括原材料等一切生产物资的采购、进货运输、仓储、库存管理、用料管理和供应管理。这类职位越来越得到企业的重视，求职者对于此职位的关注程度也越来越高。

（4）外贸业务：从事对外贸易业务的销售人员，岗位供大于求较为严重。一个好的外贸人才对企业尤其重要，要好好把握。

（5）IT技术：中国互联网发展才十几年，这个产业却一直处于热门，也是网络求职的主体。目前，网络管理员、初级软件设计的竞争比较激烈。互联网正以极高的发展速度改变着人们的生活，同时也带动了一些相关的职业，如seo—搜索引擎优化这个新兴职位在中国为近年来较为流行的网络营销方式。

（6）销售客服：这个职位门槛通常较低，但是压力很大，基本工资不高，主要靠提成，流动性相应也比较大。刚进入社会许多年轻人为锻炼自己所选择最多的一个职位！

（7）工程技术：具备专业度较高的技术，收入相对稳定，专业对口性好。现在许多大学生及在职人员往这方面转型，但这个要根据个体情况，毕竟是专业要求较高的职位，需要有较高的自学能力和较强的毅力及研究精神！

（8）房地产：这个行业可以说每年都会成为人们议论的焦点。这个行业人群做得好的基本上都有房有车，因为收入较高，但相对压力也较大，一般适合那些具有挑战激情、性格外向的人员，总之入行还是需要谨慎选择。

（9）生物医药：生物医药属于典型的"高投入、高风险、高产出、长周期"行业，这个行业是一个新趋势，对于专业对口者可考虑。

（10）服务行业：覆盖范围最广的一个行业，包括快销、娱乐、旅游、教育等第三产业，随着社会进步人们生活水平提高，此行业的需求不管质和量都会越来越高，中国虽然已经是世贸大国，但服务行业还是处于起步阶段，比较有潜力可挖。

在这10个行业中，岗位需求又有以下特点：

（1）从经济类型看，国有经济单位、集体经济单位、其他经济类型单位人员需求接近六成，其中有限责任公司、私营企业和外商投资企业人员需求较多。

（2）从产业结构看，第三产业仍为人员需求的主体。分行业看，租赁和商务服务业人员需求居各行业之首，制造业居第二位，建筑业居第三位。此外，批发与零售业，交通运输、仓储和邮政业，住宿和餐饮业人员需求也有所增长。

（3）中小企业是就业岗位的增长点，其人员需求占总需求的80%左右。

（4）从地域分布看，近郊区城镇单位人员需求高于城区单位、远郊区县城镇单位人员需求。

在这些热门行业中，其所需求的人才除了要有良好的思想政治素质、正确的人生观、世界观、价值观外，还应当具备5种能力。

（1）自我设计、自我实现和自我调整的能力。每个人都是自己命运的设计者和承担者，因此，要正确地设计自我、勇于实践自我，并根据未来的社会和产业的变化而不断地调整自己的职业和知识结构。

(2) 获取、加工和使用信息的能力。未来的社会是信息社会，信息是资源，是资本，谁善于掌握和使用信息，那么他就享有分配资源的权利，也就等于掌握了通向"成功之门"的钥匙。

(3) 开拓、创新的能力。开拓和创新犹如一对孪生姊妹，前者是指"敢入未开化之疆域"，后者是指"发现未言明之新物"。这是未来人才所必须具备的两个重要的素质，它像一把锋利的双刃剑，掌握了它就可以所向披靡。

(4) 运用技术的能力。技术是架设在理论与实践之间的桥，如计算机技术、多媒体技术、光电技术、驾驶技术、修理技术等。只有掌握了这些必要的技术，才能成为一个全面的人，才能成为一个成功的人。

(5) 具有系统的管理能力。管理不仅仅只限于领导者，每一个生活和工作在群体之中的人都应该具有系统的管理能力。这既是完善自我的需要，又是提高工作效率的必需。因此，每个未来的新型人才，都应当学会处理复杂的关系，既要敢于竞争，又要善于与他人合作共事。

做好了主观的分析和客观的估测之后，相信你对自己的择业情况就有了一个理性的把握和认识，你的职业选择也将会更有目的性和针对性。

摆正心态，选好"池塘"

毕业是新的开始

毕业是你人生中的一个新的起点。你寒窗苦读得来的知识，你的应变能力，你的决断能力，你的适应能力以及你的协调能力都将在社会这个舞台上得到展示。工作对于刚刚走向社会的你来讲是一个培养自己能力的舞台。

当你选择了工作的时候，其实你就已经站在这样一个舞台上了。当舞台的灯光打亮的时候，你的表演也就不由你决定而开始了。你要做的就是尽你最大的能力为台下的观众奉献最精彩的表演。你不必在乎你的表现是否完美，你也没有必要勉为其难地做一些哗众取宠的动作，你只要尽心地去做就足够了。因为世界上最热烈的掌声永远是给予那些最投入的人的。

在你工作的过程中，别老是说你想干什么，而要知道你能干什么。在干一件事情之前，你应该仔细考虑一下，自己究竟有没有这方面的天赋和才华，否则就算累死你也无法取得自己期望得到的结果。

如果你喜欢你所从事的工作，你工作的时间也许很长，但你却丝毫不觉得漫长，而是十分轻松。知道自己喜欢什么工作，按照自己的兴趣去选择适合自己的职业，你就会觉得一切都很自然，工作起来也会乐趣无穷。

爱迪生这位只上过几个月学的送报童，后来却使美国的工业生活完全改观。他每天在他的实验室里辛苦工作18个小时，在那里吃饭、睡觉，但他丝毫不以为苦。他宣称他一生中从未做过一天工作，他每天乐趣无穷。

一位成功的人士曾感慨地说，她所知道的最大悲剧之一，就是有很多青年人不知道自己想做什么。世上最可怜的人，莫过于那些只为挣得一口饭吃的人。曾有位专科毕业生去某公司应聘，他对部门负责人说："我持有大专文凭，今天来到贵公司，不知道贵公司是否有适合我做的工作呢？"他竟然不知道自己适合从事什么工作，或者自己想做什么，这是多么悲哀的事情啊！现在有很多优秀的大学生怀揣满腹学问和瑰丽的梦想，想在社会上好好地奋发一番，但由于不知道目标何在，常常不到30岁就遭受挫败，甚至于精神崩溃。这种事很普遍。由此可见，目标的确立是多么重要。

俗话说："好的开始是成功的一半。"任何人要想获得成功，最重要的就是正确地迈出成功的第一步。如果你第一步走对了，就会使你以后的工作变得既省时又省力，甚至可以说"水到渠成"。

据许多刚就业的大学生说，开始工作最难的恰恰在于这关键的"第一步"，正像人们反复说的那样："万事开头难"，"头三脚最难踢"。

所谓人生的"头三脚"，其实就是在事业的起步阶段必须选准正确的奋斗方向，做好充分的准备，根据自己的实际情况把事业目标调整到最佳位置。

要做好这一点，首先，你必须正确认识和评估自己的实力、才能。这些是属于你个人的重要资产，它们能推动你去塑造、实现自己的事业目标。这些可以看作是你身上阳光的一面。其次，当你在作人生事业选择时，仅仅评估这些"阳光面"是远远不够的，你还必须深入挖掘"黑暗的一面"，也就是探究那些阻碍、束缚你的因素。

或许你想成为一位钢琴大师，所以你比别人更加刻苦努力，但是不论你付出了多少心血，最后仍然只能算是一个普通的演奏人员；或许你想成为一位画坛名家，但是任凭你怎样挥毫泼墨，却总是无法如愿以偿。

有许多曾经从大学校园中走出来并在社会中工作过一段时间的人，不断发出这样的感慨："虽然我一心朝着自己的愿望去拼搏、努力，但是却不能成功。这究竟是为什么？"愿望与事实的巨大反差，使他们感到烦恼不堪，压力重重。而他们陷入这种"囚徒困境"的原因，不在别人，而在于他们自己。就自己来说，也并非是因为工作不够努力、付出不够多，而是因为一开始就没有找到自己的最佳位置。我们在祝福别人的时候，常常说"祝心想事成"，但事实上，有时候"心想"的往往很难"事成"。正因如此，所以明智的成功者才会发出提醒和忠告说："别老是说你想干什么，而是要知道你能干什么。"这才是你踏入社会时所应明确的一个重要问题。

择业，你的心别太高

许多刚毕业参加工作的大学生心态浮躁，总觉得现在的工作太平凡、太简单，让自己做这样的工作是大材小用，结果连眼前简单的工作也做不好。殊不知，无知与眼高手低是大学生刚参加工作时最容易犯的两个错误，也是导致大学生频繁失败的主要原因。正是由于这样的心态，使当前许多刚毕业的大学生深陷于对更高职位的空想之中，却不肯踏踏实实地做好现在的工作，结果频频"败北"。

在大学毕业生离校求职的高峰时期，青海一家单位到山东一所大学举行现场招聘会。尽管到场的有近300名学生，但向这家单位投递简历的仅30余人。

这和其他单位前来招聘时的"爆棚"现象形成了鲜明的对比。在问及原因时，很多学生表示"青海太偏远，宁愿回老家也不去那里"。

有一位经营系的毕业生在别人跑招聘会、投简历，忙得不亦乐乎时，他却在一旁冷眼旁观。原来，他迟迟不肯出手的原因是，他早已为自己设定了择业标准：非外企不进，非沿海不去，非高薪不拿。

很多大学生把择业当成是自己人生的终极目标，这不仅忽视了择业的根本目的，而且还因此造成了相互攀比的浮躁心理。他们认为：自己和同学的条件差不多，他们能去大公司拿五六千元，为什么自己只能到小单位拿一两千；他们留在大城市，自己干吗要去乡镇。这样的攀比思想助长了浮躁情绪，很多人的心态难以平衡，最终的结果只能是设定了不切实际的职业起点。

如果搞一个调查，相信许多毕业生对自己选择的第一份职业并不满意，甚至有些是无可奈何的选择。也许今天的选择并不决定你的一生，但是对今天不满意的职业态度却决定你的一生。是积极还是消极？积极——将不满意的职业作为奋斗的动力、成功的起点；消极——灰心泄气、一蹶不振、抱怨失望，做一个空有才干而被环境埋没的人。

全国第一家民营光缆通讯企业四川吉明公司总裁董吉明，中学毕业后在成都邮电局找到了一份工作。但他对这份工作并不满意。他用三年时间苦读，考取了北京邮电学院的函授班，后又考取成都邮电学院无线电系。改革开放以后，他凭着脚踏实地的实干精神，心不高、气不傲，扎实地从最基础的工作干起，最终在光缆通信行业取得了巨大成功。

要知道，不满意目前的工作是个人奋斗的动力。不管在什么职业和条件下，你都有可干的事业。只要你用心，就能发现你所从事的事业的魅力，找到一条奋斗的道路。20世纪80年代改革开放初期，一些人跃跃欲试"下海"经商，可最终跳下去的，都是一些在原单位工作不满意、不顺心的人。如今，他们通过自己的努力获得了成功。而大多数工作环境较好、收入说得过去的人，瞻前顾后，直到今天也还是老样子。

有许多刚刚踏入社会的大学生在处理事情时总盯着眼前，从不考虑日后的影响，把自己的择业标准放得很高，小事不肯做，大事做不了，一副清高的架势，这样是很难取得自己事业的进步和成功的。

现任 TCL 总裁的李东生在回忆自己大学毕业时的理想时说道："那时我的目标并不远大，就是想到第一线去，当一个好工程师，再远一点想就是当一个车间主任。"10 年间他领导的 TCL 集团在不知不觉中超越了众多竞争对手，并且连续 8 年保持超过 50% 的年增长率，1998 年跻身于中国电子工业 5 强。

李东生看待自己职业目标的心态似乎和他的性格一样，没有一般企业家一语惊人的锐利，更像平平静静的一潭水、温温和和的一阵风。

这个世界上没有不好的工作，如果你觉得你的工作不好，那是你工作的态度不好，或者说是你工作得还不到位。有许多大学生认为自己所从事的工作很不体面，甚至贬低自己的工作，这往往是由于他们身在其中，而无法认识其中的价值造成的。正所谓"不识庐山真面目，只缘身在此山中"。他们看不起自己所从事的工作，自然无法在工作中投入全部身心，所以他们就得过且过。还有的人将大部分心思用在如何摆脱现在的工作环境上。这样浮躁的人在任何地方都不会有大的作为。

两个人从同一扇窗子往外看，可能一个看到的是满天的苍茫，一个看到的是满地的鲜花。可见，同一个问题的不同看法并不完全取决于事情本身，还在于你看待问题的态度。一份职业对于从业群体中的任何一个个体来说，其认知和感受程度都应该说是差不多的，而所不同的是你的心态。以平和、积极的心态来面对职业，并将它当作自己追求的事业，那么工作起来就会心情舒畅，充满激情和创意，就可能有所建树。反之，做事心高气傲，对工作消极、懈怠，被动地应付差事，就难以有所作为。

择业时心太高的大学生们，从来没想过在工作中成就一番事业，而是把工作当成为支付衣食住行的费用而做的苦役，认为工作是生命的重负，这种想法是不可取的。每一份工作都是一个积累的过程，你只有在工作中努力积累自己的经验，你的命运才能够拥有转折的机会。如果你不肯做现在的一些小事，那你就只能让自己的梦想在云端飞翔，永远也落不到地面上来。

把择业当成第一份工作

人生中的每一步对于实现成功目标来说都很重要，择业虽然是一个相对复杂的过程，但是这个过程对你踏入社会获取一份工作具有不可缺少的铺垫作用。因为任何事情的发展都需要一个逐步提升的阶段性过程，任何宏伟目标的实现都需要一个逐步积累的时期。由此，你不妨就把择业当成你的第一份工作来对待。

把择业当成你的第一份工作，就要不断培养自己巧干的能力。因此，你必须从思维方式方面着手，并努力养成良好的工作习惯，找到工作的诀窍，提高工作效率。那么，怎样才能找到一份好工作呢？

1. 敬业精神

敬业精神要求我们以职业的态度来对待我们的工作，这样我们才能专注于工作，把工作当成乐趣而不是负担。乐于工作，我们往往会因此在不断的积极思考中找到解决问题的良方。

2. 善于收集资料

收集与工作相关的各类信息资料，包括竞争对手的信息，这些都有利于我们在工作中迅速找到问题的症结。因为任何成熟的业务流程本身就是很多经验和教训的积累，需要用时能够信手拈来将大大提高我们的工作效率。

3. 多做逆向思考

工作中遇到问题一时找不到解决方法时，不妨多做逆向思考。很多优秀员工都擅长用逆向思维拓宽眼界，探索解决问题的途径，很快找出问题的关键。他们敢于想别人不敢想，经常能够化繁为简，取得出人意料的效果。

4. 站在对方的立场看问题

在考虑解决问题的方案时，我们通常会站在自己职责范围的立场上去思考问题，但真正懂得巧干的人却会自觉地站在公司或老板的立场去思考解决问题的方案。无论作为老板还是员工，解决问题的出发点首先应是如何避免类似问题的重复出现，而不是"头疼医头，脚疼医脚"。站在对方的角度去考虑解决方案，才能真正彻底地解决问题，也更容易赢得别人的信任。

5. 善于总结

不难发现，巧干者对问题的分析、归纳、总结能力比常人强。他们总能找出问题的规律性，并善于运用这种规律，从而达到事半功倍的效果。因为熟能生巧，丰富的经验积累能增强我们的办事能力。

择业是从毕业到就业的一个必然转变过程，在这个过程中积累起一定的能力和经验，将有助于你成功跨向自己理想的职业。所以，不妨把择业当作你跨入社会的第一份工作，用心去寻找，从中得到锻炼和提高。

打造"第一印象"

初涉职场，"第一印象"十分重要，因此你需要逐步提炼自己的职业含金量和竞争优势。

在组织中，你与领导、同事头几次接触留给他们的印象是十分重要的。由于你初来乍到，大多数领导和同事还没有足够的时间来了解你，他们往往只和你相处几次、见上几面甚至见你第一面就会对你做出初步评价，他们很少怀疑自己匆忙做出的判断，这是很自然的事情，也是我们常说的首因效应。于是刚找到工作的毕业生都想方设法给领导、同事们留下一个好印象，甚至有些大学生为了提高自己的形象不惜金钱和风险去做整容、美容。专家说，大学生不管生理还是心理都日趋成熟，只要心态正常，动动刀子修补面部不足本无可厚非，但如果一味地为了追求外在形象而忽视业务能力，未免有些盲从，也不值得效仿。显然，这些大学生误解了"第一印象"的原意。打造良好的"第一印象"并不是仅仅停留在脸上，要从多方面下手，举止、谈吐等多方面都要留神注意。大学生求职应该更注重自身能力的培养，一个成熟的人是可以根据自身的专业和专长找到适合自己的工作的。

那么，刚刚到一个新的单位、新的环境，怎样为自己设计一个好的"亮相"方案，来个"闪亮"登场，努力给领导和同事留下一个良好的印象呢？

1. 注意着装整洁得体

人们对一个人的第一印象大都是先看他的仪表，特别是穿衣打扮。不管你是否意识到，从某种程度上讲，你在工作场合的穿衣打扮影响着别人对你的看法和印象，甚至影响你所从事的工作，给你的职业生涯增添障碍或助力。

着装既是一种外在形象，也是内在素养。得体的衣着是一种无声的自我推销，千万不要小瞧了自己的穿着打扮，它对树立一个人的良好形象起着重要作用。在很大程度上，它能展示出一个人的身份、气质、风度、品位、文化、修养和精神状态，是心灵的外在表现。着装得体是一个信号：第一，说明你把来上班当作很郑重的事；第二，表明你是很重礼仪的人；第三，使你更加精神，让你更容易被注意到；第四，你是一个维护和展示单位形象的人。

所以，你进入一个公司后，一定要尽快了解你们公司的着装准则，穿着应干净、得体、端庄、大方，让人感受到你的朝气和活力。对于不同性质的企业来说，着装的准则也是不同的。机关、学校、公司都有各自的着装准则。不管是成文的还是不成文的，有形的还是无形的，不管是宽还是严，你在工作场合的着装都应该合乎大众时尚，顺应潮流，与工作环境、职业角色、身份相协调。如果你漠视单位的着装规则，衣着落伍，不修边幅，过于随便邋遢，或是别出心裁，过于前卫、"另类"，在工作环境中都是不相宜的。活泼、亮丽也不是绝对排斥，但要有个度，不可失之粗俗。

2. 讲究礼貌

当你到了新的工作单位后，一定要讲究礼貌，对别人彬彬有礼、举止大方、礼貌周到、谈吐不俗，展示自己的修养和内涵。要将最基本的礼貌用语常挂在嘴边；乘电梯时，请领导、老同事先上，下电梯时，让他们先下；当领导或同事来到你的办公室时，应站起来相迎，并表示问候和敬意；领导、同事与你谈话时，要注意认真聆听，等等。

3. 谦虚好学

有些刚毕业的大学生，因为一些同事的学历不高、知识结构陈旧而瞧不起他们，不肯倾听他们的意见。可是世界上有很多东西是不可能从书本中找到的。可能你毕业于某个名牌大学，有较高的学历，在校时学习很优秀，自我感觉好极了。可是，要知道，一切证书都只是你的一块敲门砖，只能证明你的学习经历而不是工作能力。对于社会这所大学来说，你只是刚刚被录取的"新生"。当成了上班族的一员后，即使你的文化程度、专业理论水平再高，你刚刚从事的那份工作对你来说也是陌生的，你在业务上的经验还很少，在很多方面还很稚嫩，而周围同事身上却有不少值得你学习的地方。

一位刚参加工作一年的大学毕业生说："象牙塔般的学校生活浸染，使我辈染上了'舍我其谁'的自信。但现实是，从理论到应用之间还有个艰辛的过程，况且我们还有许多不足之处，有许多东西还须从头学起。拿具体操作来说，我不如娴熟的技工人员；拿为人处世来说，我不如比我早参加工作的低学历同龄人。现在想起来，以前在大学生涯中那种'目无余子'的自傲是毫无道理的，甚至有些可笑。"

"满招损，谦受益。"年轻人刚刚参加工作时，不要竭力装扮自己、夸夸其谈、虚张声势、不懂装懂、自吹自擂，更不要自视清高、目空一切，在自我与同事之间人为地筑起一道屏障。

4. 尊重每一个人

在公司里，你应当学会尊重每一个和你相处的人，不管他是年轻的，还是年长的；不管他是门卫，还是上司；不管他是蓝领，还是白领；不管他学历比你高，还是比你低。一般说来，领导和老同事的资历、经验、见识、能力等都要比年轻员工高一些，他们更应受到年轻员工的尊敬。你是小字辈，就要尊重职位比你高的、年龄比你大的、资历比你深的、经验比你多的领导和同事。在日常工作中，对领导和同事表示你的敬意，也是给人留下良好印象的好方法，因为任何人都会对那些真诚而善意、尊敬自己的人怀有好感。

现代人的人生运算是：学习要加，骄傲要减，机会要乘，懒惰要除。莎士比亚有一句名言："企望往高处爬的人，应该踩着谦虚的梯子。"在单位这个新的竞技场里，你还处在起跑线上。不管你是什么学历，实际上初入一个领域，初进一个行当，你都是一个小学生。所以我们要有从零做起的心态，保持一种谦恭的心态，放下自己的面子，表现出最真实的自己。

择业误区：一味降低期望值

在许多大学生一味提高自己就业价值的同时，还有许多大学生一味降低自己的择业期望值。这种对择业要求过低的现象，有时也会使大学生陷入一个误区，从而影响他们找到与自己的实际能力相符的好工作。因此我们应该根据自己的条件反复地问自己：如果我具有做这件事情的能力，我为什么降低期望值而屈就于一个不适合发挥自己才能的工作？

当你降低择业期望值的同时也应该明白，好的职业应该是益于你的发展，能够使你不断进步，让你学到相当的技能，而且前途无限的。因此，在可能的选择范围内，不要从事那些会损害你的健康、让你没日没夜工作永无假期的职业。你完全没必要为自己的工作担心，只要选择那些适合你的工作就可以了，根本不需要去尝试那些条件过于苛刻、不适合你的工作。

价格是别人给的，而价值却需要你自己去创造。一个专业技能突出、素质相对较高的员工是很难被人取代的。香港国泰航空公司总裁陈南禄经常鼓励青年说："生命中最值得投资的对象就是你自己，要不断武装自己，使自己更强大。"因此，大学生们也不该妄自菲薄，那样终究成不了大事。从众多可能的职业中选择一些适合的职业，就像从许多书籍中选出一些有益的读物一样，你要尽可能选取那些高尚而又适合你的工作，要做到高瞻远瞩、深谋远虑。我们所从事的职业必须是既利己又利人的。

一个有抱负的青年因为"命运不济"或是"谋生困难"的借口，就置天理和自尊于不顾，去从事那些不值一提的卑贱职业，这是一件既可悲又可怜的事情。你应该明白，自己有权利去利用年轻这一大好的资本，去过理所应当的高质量生活。

如果你有一份职业规划，就应当不断努力，使规划变成现实，实现自己的人生价值。假如你的职业目标是大学老师，就不能因为供大于求而选择中学老师这个职业，因为你不会喜欢这样的职业，这样于人于己都不是一件快乐的事情。而且，在现实的条件下，要从中学老师变成大学老师是一件极为困难的事情。所以，如果因为暂时的一些因素不能选择合适的职位，那么可以从选择这种职业的一个较低职位开始。同时这也需要继续努力，持之以恒，坚持不懈，提高自己与职业目标的匹配程度，以便努力返回到自己规划好的职业路线上去。

但当你降低期望值"屈就"于现在的工作的时候，你很有可能会轻视自己的工作，自然也就不会投入自己的全部精力，而是马马虎虎应付工作。于是，你就有可能陷入"屈就工作——看不起工作——工作得一塌糊涂——失去工作"的恶性循环，结果永远也没有办法发挥出自身的才华，也永远没有登上高位的机会。

有一个年轻的酒店管理专业的毕业生，一心想开自己的酒店。但是，要开一家酒店谈何容易，他没有资金，也没有管理经验。于是，他找到一家五星级酒店的人力资源经理推荐自己，想把这份工作当作自己积累经验的开始。经理看也不看他就说，如果他愿意的话，可以考虑当服务生，在洗手间为客人擦鞋。让一个大学生去给人擦鞋？这听起来似乎有些荒唐。虽然最后这个年轻人答应了这份工作，但同时他十分清楚自己的理想。第二天，他上班了，他的工作就是站在洗手间里，等客人在镜子前洗手或者整理衣服时，帮助客人小心地擦去鞋上的灰尘。一段时间过去了，他成为那里最受客人欢迎的服务生，不少客人点名要他服务。于是，这个洗手间里的服务生引起了老板的注意。

后来，这位年轻人几次得到提升，成为酒店的高级管理人员。他一步步向自己的理想努力，从那家酒店成功地学到了管理酒店的经验，并积累了资金。最终，他如愿以偿地拥有了自己的酒店。

如果说"屈就"底层的工作是为高层的工作积累经验，那么，这并不算是降低自己的期望值，应该说是为自己未来理想的实现积累现实的经验。一个人总是先会走再会跑，想一步到位的人是难以如愿的。因此，在你择业的过程中，既不要过分高估了自己，也不要一味降低自己的期望值，摆正你的择业心态，才有可能选准最适合自己的职业。

及时退出选错的行业

有这样一个小寓言，一头骡子不小心掉进一口枯井里，它的主人绞尽脑汁想要救出它，却未能成功。最后，主人决定放弃，他请来左邻右舍准备一起将骡子埋了，以免除它的痛苦。他们开始将泥土铲进枯井中。骡子了解到自己的处境后，开始叫得很凄惨，但过了一会儿之后就安静了下来。主人往井底一看，大吃一惊：当泥土落在骡子的背部时，它将泥土抖落在一旁，然后站到泥土堆上面！就这样，骡子将大家倒在身上的泥土悉数抖落在井底，然后再站上去。很快，这头骡子便走出了枯井。

在择业的过程中，我们难免会落入陷阱，或被人落井下石以及选错自己的行业，在这时候你要做的是：像寓言中的骡子一样，将身上的"泥沙"抖落，及时退出选错的行业。

不成功的职业选择等于给自己设置了前进的障碍，埋伏下了未来职业生活的危机。成功的职业选择是走向成功的生活道路的第一步。对大学生来说，其毕业时的择业是人生的第一次职业选择，成功与否将会直接影响他们自信心的建立、职业角色的确立和职业心理的顺利转换。

由于人和人之间的个性特点不同，导致工作的能力倾向存在很大差别。有些人善于与人打交道，有些人则更适于管理机器、物品。因此，在职业选择时，只有扬己长、避己短，选择最有利于发挥自己优势的职业，才可以最大限度地发挥自己的潜力，这才算是选择了正确的行业。

正如古人所说："骏马能历险，力田不如牛；坚车能载重，渡河不如舟。"人生难免要走些弯路，也许此时你就正为自己选错的行业而发愁，没有信心和勇气再重新来过。

世界上的各色人等都有各自的用处和地位，所以，每个人都应该找一种适合自己的职业来做。但是，也有些毫无艺术修养的人偏要去做一个画家，有些看见数字就头痛的人偏要去经商。我们还常常看到这样的情形：许多本可以成为工程师和艺术家的天才，一生都被关在百货商店的柜台里。有很多工作中的男男女女整天没精打采，毫无工作与生活的乐趣，他们怨叹工作的不幸和人生的无聊。为什么他们会这样悲观呢？主要是因为他们正从事着与自己的志趣、个性相冲突的职业。你是否对这些问题深思熟虑过：自己是否能胜任现在的工作？是否真的对现在的工作有兴趣？当你正视自己的工作，做出放弃的决定后，就不能再有悔过之意了。在转向另一个你认为是正确的职业时，你必须集中所有的勇气和精神全力以赴，你要不断鼓励自己，要有与一切艰难险阻做斗争的勇气，要不怕吃苦、不怕碰壁，也要战胜自己惧怕失败的弱点。

在做出新的职业决定之前，你必须问自己这样一句话："最符合我兴趣的工作是什么？"如果你发现自己没有在从事自己感兴趣的工作，那么你就应该认真研究一下问题的所在。只要能找出失败的原因，你就不难踏上新的人生轨道，走上成功的道路。

爱默生说，一个年轻人踏入社会，就正像一叶小舟驶进大江大河一般，处处都要谨慎小心，要时时仔细察看周围的障碍与困难，然后设法一一清除，这样才可以安然穿过河口，驶入大海之中。

有人曾经把就业比做婚姻，一桩美满的婚姻可以造就一个幸福的家庭，一份理想的职业可以铸造一个辉煌的人生。社会上存在着各种类型的职业，每一个职业又是经济大潮中的一朵浪花。为此，在你择业的过程中，首先应该清醒地认识就业形势，准确地把握社会对人才需求的类型和数量，树立积极而切合实际的职业理想，客观地进行职业评价与自我评价，科学而合理地搞好职业设计，做出正确的职业选择，及时退出不适合自己的行业。在年轻的时候亡羊补牢，还为时不晚。

职业规划，
动一动你手中的"奶酪"

确定职业目标，度过梦想间歇期

对于择业过程，我们不妨做个这样的假设：如果你是一位演员，并且你对自己在影视界的远景能作一次清醒的前瞻，制订一个明确的目标，那么最初当影片剪辑和打杂的那段时间，至多只能算是你预先付出的一点小小的代价而已。俗话说："心急吃不了热豆腐。"饭要一口一口地吃，任何人都不可能一口吃成个大胖子。对于你的事业选择来说，也要一步一步去做，这样才能实现目标。

许多实现了职业目标的过来人都说，谁都无法"一步到位"，只有一步一个脚印地走下去，才会达到成功。因此，人不要把眼睛只盯住眼前而忽视了对自己职业目标的制订和实施。

职业目标是个人才干、价值观、抱负的输出口，没有目标，便会失去方向和前途；没有目标，就没有追求，没有前进的动力，个人事业就会受挫，最终一事无成。事业成功者的经验告诉我们：先准备好再上路，是很重要的。所以，进入组织之时，顺着选定的职业形成个人职业目标十分必要。它会使你有良好的职业工作开端，防止出现做一天和尚撞一天钟的情况。在目标指引下，你需要脚踏实地地做好各项工作，以求达到预期目的。

冯康大学毕业后，到传播公司任影片助理剪辑。这是他想在电视业求发展的起点。但是，不久他却辞职了。他认为自己身为一名大学毕业生，却将时光消耗在编号、贴标签、跑腿等琐事上，有受骗之感。后来，他发现，与他同时进入公司的同事已成为羽翼丰满的导播或制片人。显然，他冲动辞职的决定关闭了他在电视界闯出一番事业的大门。

如果他具有在影视业发展的前瞻眼光，并制订自己的职业目标，将做影片剪辑和打杂的几年看作职业发展的必经之路，认定职业理想实现的过渡阶段是预先应付出的代价，那么他定能在自己的事业之路上平步青云。

选择一个什么样的职业目标，就是明确自己想成为一个什么样的人，在职业发展上达到哪一级别，担任什么社会角色，这是人生事业能否成功的重要条件。按照马斯洛的需要层次理论，人一般具有生理的需要（基本生活资料需要，包括吃、穿、住、行、用）、安全的需要（人身安全、健康保护）、社交的需要（社会归属意识、友谊、爱情）、尊重的需要（自尊、荣誉、地位）、自我实现的需要（自我发展与实现）。自我实现就是人生最高追求，是以人的一生为代价，亦即自我生涯的最终目标。正如做学生时常说的"长大后我要当科学家……"之类的职业规划目标，你自己要为之终生奋斗的职业方向和目标，就是希望自己成为什么样的社会人物，拥有什么样的自我人生。

职业目标是每一位择业的大学生在职业设计时首先要考虑的问题，它决定着一个人今后的努力方向和所承担的社会责任，以及职业角色的塑造与职业生活方式。

对于正处于择业期的大学生来说，应该怎样确定自己未来的职业目标呢？

1. 确定高尚的职业目标

结合我国实际，高尚的职业目标是指符合社会主义两个文明建设要求，为实现"现代化"贡献力量的职业目标。这样就为我们提出了两点要求：

（1）择业者必须将社会的客观需要与正确的主观择业意向结合起来。这是因为，只有社会的客观需要才能为个人提供广阔的活动场所，让个人有用武之地，从而为社会创造财富；与此同时，个人的择业意向还必须建立在正确的思想上，即应具备"为人民服务"的择业意向，因为只有这样的个人意向才能找到与社会的结合点，就业才会成功。而那种建立在对金钱的崇拜或对个人职位的虚荣心的观念上的意向是缺乏生命力的。

（2）应建立健康的职业情感。情感是使意识转化为行为、上升为信念的"催化剂"，持久而炽热的情感能激发人无限的能量去完成活动。职业选择是一项十分严肃而复杂的工作，因此要求择业者要冷静思考，认真分析，力图摆脱依赖性，增强自立意识。充分了解该职业在社会发展中的地位和作用，该职业对从业者文化知识、职业道德、心理品质、体魄及能力等综合素质的要求，从事该职业的过程中将会碰到的困难等，就能合理塑造择业者未来的职业角色和职业人格，实现非职业心理向职业心理的顺利转换。

当然，确立择业目标是一个动态的过程，而不是一个僵化的环节。大学毕业生在学习期间甚至参加工作之后，都有可能调整或重新确定新的目标。

2. 找到正确的择业指针

马克思曾说："在选择职业时，我们应该遵循的主要方针是人类幸福和我们自身的完善。"在马克思看来，人的本质是社会关系的总和，因此，个人自身的完善与人类的幸福是利益互联的统一体。高尚的择业目标与正确的择业指针密切相关，前者体现了择业主体的择业意向与当前社会客观需要的结合，后者则体现了择业者对社会发展与自身发展的相互关系的理解和认同；前者更多地展示了择业者实现主观价值目标的意向，后者则是择业者对客观价值目标实现与主观价值目标实现之间关系的体悟。这样，对于当前的大学毕业生来说，正确的择业指针就包含如下两方面的主要内容：

(1) 正确处理好个人利益与社会整体利益的关系。在让个人利益服从国家、集体利益的同时，不断完善自身。

(2) 要确立正确的职业荣誉观和职业幸福观。

正确的职业目标可以帮你度过择业与职业理想的间歇期。但值得注意的是，进入公司之时所形成的职业发展的未来前景不能是幻想，必须是真实的工作实践中可行的、可以达到的目标。否则，陷入空想、幻想中就起不到目标的指引作用，那么你的职业发展也一定不会顺利。

职业定位，哪把椅子是你的

在你初涉职场的起步阶段，做好自己的职业定位是十分重要的。

美国麻省理工学院人才学的教授们针对人格六角型理论，提出与之相对应的 5 种职业定位。这是一种不错的关于个人职业选择的分类法，它将个人的职业发展做以下定位：

1. 专业技术人才

持有这类职业定位的人出于自身个性和爱好考虑，往往不愿意从事管理工作，更愿意在自己所处的专业技术领域发展，譬如会计师、律师、医生等。

2. 职业经理

这类人有着强烈的做管理者的愿望，他们的经验也告诉他们自己有能力达到高层领导职位，因此，他们将职业目标定位为有相当大职责的管理岗位。

成为高层经理需要的能力包括三方面：分析能力——在信息不充分或情况不确定时，判断、分析、解决问题的能力；人际能力——影响、监督、领导、应对与控制各级人员的能力；情绪控制力——在面对危急事件时能够做到不沮丧、不气馁，并且有能力承担重大的责任，而不被其压垮。

3. 创业者

这类人需要建立完全属于自己的东西，包括以自己名字命名的产品或工艺、自己的公司以及能反映个人成就的私人财产。他们认为只有这些实实在在的事物才能体现自己的才干。

4. 自由职业者

这些人喜欢独来独往，不愿意在大公司的结构中相互依赖。尽管许多有这种职业定位的人同时也有相当高的技术型职业定位，但是他们不同于那些简单技术型定位的人，他们并不愿意在组织中发展，而宁愿做一名咨询人员，或者独立执业，或者与他人合伙开业。譬如成为一名自由撰稿人、开一家小的零售店等都是他们喜欢的。

5. 公务员

与自由职业者相反，这些人追求稳定，更强调职业的依附性，希望自己所在的职业环境能保持几十年都不变；并且他们希望"看见"自己退休后的生活，安全、平淡、与世无争。

针对以上 5 种职业定位，你可以选择最适合自己的"椅子"。许多刚就业的大学生，往往不太重视职业定位，以至于一进职场就找不到自己奋斗的方向。

唐朝贞观年间，长安城的一家磨坊里有一匹马和一头驴。马拉车，驴推磨，相安无事。后来，马被前往印度取经的玄奘大师选中，跟随大师西行取经去了。17年后，那匹马驮着佛经回到长安，受到了人们的夹道欢迎。它再次回到磨坊时，和驴子讲起了路上的见闻。沙漠、山岭、草地和冰雪在驴子听来，犹如神话。于是它惊叹起来，对马十分羡慕。这时候，那匹马说："其实，这一切并不是不可想象的，我们走过的路程大体是相当的。我一直向西方前进的时候，你也一步都没有停止。不同的是，起初我和玄奘大师有一个定位和目标，并始终如一地前进，所以我们看到了一个广阔的世界。而你却被蒙上了眼睛，一直绕着磨盘打转，没有定位，没有目标，所以你总是走不出这个小小的磨坊。"

如果你在工作中没有定位和目标的话，往往会在激烈的职场竞争中随波逐流、摇摆不定，最终辜负了一身的才华。

美国著名管理学家劳伦斯·彼得曾说："人生最大的危险是你不知道自己所处的地位。除非你知道你的真正位置，否则你就可能成为一个不知情的不称职者。"任何一个生活在群体中的人都有一个"位置"，位置决定着你的形象，规范着你做人的行为方式和处世原则，影响着他人对你的认识、态度。在你的工作中之所以有许多问题产生、许多矛盾形成，就是因为你没有认清自己的真实位置，因而不能很好地把握自己，造成了角色错位。

每个置身于职场的人，都有着根据组织的分工、需要和自己的能力大小而确定的位置。为了保证组织的正常运营，每个人都必须从各自的位置要求出发来规范自身的行为。或者说，这个位置是我们做人做事的基本出发点。环顾一下自己的周围，凡是成长、发展较为顺利的人，大都是那些角色意识明确、能够较好地摆正自己的位置、认真遵守相应的行为规范的人。

当你开始自己的职业生涯时，应先从自己的角色位置出发，正确地认识自己，选定前进的方向、奋斗的目标，精心设计自己的形象，恰当地选择自己的言论、行为，不错位，不走样，不偏激，不过分。这可以说是一种身心的调整与人格的修炼，同时也影响和决定着自己的成熟、成长。

一生可能转换好几种职业

目前，许多毕业生在选择职业的时候，都渴望找到一份稳定的工作，"求稳拒变"是中国人的传统性格之一。虽然时代发展到今天，变化已是永恒的主题，职业中的"安全港"和"铁饭碗"已绝无仅有，人们观念中的"安贫乐道"、"安分守己"也被求富心理、求新逐异所取代，但是，"安居乐业"仍然是一些求职者所追求的生活模式。特别是在企事业人事制度改革深入、下岗职工安置困难、大学生就业形势严峻的今天，寻求职业的稳定性仍然是大多数大学生的求职心愿。

在当今社会，职业越来越不只是生存的手段。在人的基本需求得到满足之后，有所发展是人们进一步的需要。许多有识之士跳槽的原因，大都是出于这种需要。同时，在人的一生中也不可能仅仅只选择一个职业，随着行业的变换发展，人们也有可能转换自己的工作。

从职业角度看，一个人一生中难免要调换几份工作。但做出转换前，必须确定这种转换是在整个人生规划的范围内做出的调整，而不是盲目地去选择跳槽。当感到自己怀才不遇时，正确的态度是：立足于现实，调整好心态，将现有的工作做得更好，甚至最好。

有一些职场新人特别是那些刚刚走进职场不久的大学生，往往这山望着那山高，一旦遭遇挫折，就好像受到了多大的委屈，很容易产生抱怨的想法，以为很难适应自己的工作。新公司、新工作有许多问题让他们头疼，因为哪一个工作也不是针对某个人而设立的。最让他们感觉失望的是，老板和上司并没有像他们期待的那样，把他们当成重要的人才来对待。当他们在工作中遇到几次挫折后，便开始不认真对待工作，并产生跳槽的念头。

要知道跳槽到一个新环境，你需要付出的更多。离开一个熟悉的环境，融入新环境是需要付出很多心血和时间的。有一句谚语说得好："常挪的树长不大。"而"下一份工作会更好"在很多情况下只是一厢情愿而已。

频繁地跳槽直接受到损害的是公司，但从更深层次来看，对员工的损害更深。因为跳槽者个人资源的积累和自身能力的培养都必然会大打折扣。

如果你频繁跳槽的话，在经历了多次跳槽后，会不自觉地养成一个习惯：

当工作不顺时想跳槽，人际关系紧张时想跳槽，想多挣几个钱时想跳槽，甚至没有任何理由也想跳槽，似乎一切问题都可以用跳槽来解决。这些人却不想一想，如果换工作可以解决问题的话，为什么自己换了那么多还不行呢？这种做法其实是一种逃避，并不是真正地根据自己的情况来选择职业，这样做最终会导致他们缺乏克服困难的勇气和决心。

大学生需要有转换职业的心理准备，并且认真思索转换行业的真正理由，而不要以此作为逃避困难的捷径。另外，要在现在的工作中不断提升自己的竞争实力，发挥自己的长处，一专多能，这样在迫不得已转换职业的时候才能顺利接手，不至于四处碰壁、狼狈不堪。

其实，现代意义的"铁饭碗"是指不管走到哪里都"有饭吃"。所以，不要忘记及时更新自己的知识储备和技能，以备不时之需。

投下职业生涯的"长锚"

职业锚是美国著名职业指导专家施恩教授提出的一个新概念，它在个人职业生涯规划中起着十分重要的作用，因而受到了人们的广泛关注。在职业生涯发展过程中，每个人实际上都是在根据自己的天资、能力、动机、需要、态度和价值观等慢慢地形成较为明晰的与职业有关的自我概念。随着我们对自己越来越了解，必然就会越来越明显地形成一个占主要地位的职业锚。

当你确立一个长期为之奋斗的职业时，你便应该考虑为自己的职业生涯投下一个职业锚。

那么，职业锚究竟是什么呢？职业锚是指当一个人不得不做出选择的时候，他无论如何都不会放弃的职业中的那种至关重要的东西或价值观，实际上就是人们选择和发展自己的职业时所围绕的核心。一般来说，作为职业锚核心内容的职业自我观由三部分内容组成：自省的才干和能力，以各种作业环境中的实际成功为基础；自省的动机和需要，以实际情境中的自我测试和自我诊断的机会以及他人的反馈为基础；自省的态度和价值观，以自我与雇佣组织和工作环境的准则和价值观之间的实际遭遇为基础。可见，职业锚是

"自省的才干、动机和价值观的模式"，是自我意向的一个组成部分。一个人对自己的天资和能力、动机和需要以及态度和价值观有了清楚的了解之后，就会意识到自己的职业锚究竟是什么。有些人也许一直都不知道自己的职业锚是什么，直到他们不得不做出某种重大选择的时候，比如究竟是接受组织将自己晋升到总部的决定，还是辞去现职转而开办自己的企业。正是在这一关口，一个人过去的所有工作经历、兴趣等才会集合成一个富有意义的职业锚。这个职业锚会告诉你，对你来说，究竟什么东西是最重要的。

科普作家阿西莫夫，同时也是一个自然科学家。一天上午，他坐在打字机前打字的时候，突然意识到："我不能成为一个第一流的科学家，却能够成为一个第一流的科普作家。"于是，他把全部精力放在科普创作上，终于成了当代世界最著名的科普作家。伦琴原来学的是工程科学，他在老师孔特的影响下做了一些物理实验，逐渐体会到，这就是最适合自己干的行业。后来，他果然成了一个有成就的物理学家。他们的成功，正是由于自己的职业锚在起作用。

职业锚是个人早期职业发展过程中逐渐确立的职业定位，是自己逐步探索的结果，可以说是一个漫长的寻觅与探索的过程。但是，为了职业生涯发展顺畅，我们还是需要早做准备，快一点地明确职业锚，以便于指导我们的职业生涯发展。

一般说来，职场新人经过认识、塑造、规划自我等诸多职前准备，经过一定的职业指导和职业选择而进入组织，这本身就代表了我们自身对职业有一定的适合性。这种适合性仅是初步的、主观的认识、分析、判断和体验，尚未经过职业实践的验证。我们从事职业的态度要受到诸多主客观因素的影响，例如个人的兴趣、价值观、技能、能力，客观的工作条件与福利情况，他人和组织对自己工作的认可及奖励（报酬、晋升）情况，人际关系情况以及家庭成员对自己工作的态度，等等。职业适应的结果能保证我们在较长一段时间内从事某种职业活动，而且能保证我们在职业活动中有较高的效率，有利于个性的全面协调发展。

因此，提高职业适应性有助于开发你的职业锚。具体来说，你可以从以下几个方面来提高自己的职业适应性。

1. 目标专一

职场新人应当选定目标，努力去适应职业。适应是需要时间和经验的，只有专注于某项职业活动，才能渐渐体味其中的甘苦，慢慢总结出游刃于其中的技巧，才能融入组织，与同事融洽相处。

2. 动态中的适应

随着知识内容、知识结构的更新，我们要不断学习和掌握新知识、新技能，锻炼出一种动态的、科学的思维方式和判断能力。

3. 适应职业环境

一是适应新工作，就是端正工作态度，遵守和熟悉该工作的角色规范，积极参加职业培训，虚心求教于师傅和同事；二是适应新的人际关系，避免人际关系的冷漠与不适应。

4. 能力替代或补偿

职业适应的关键因素是我们的能力结构，如果个人的能力结构与职业要求相符合，职业适应性就强，反之则弱。个人还可以通过能力的补偿效应来增进职业适应性，不同能力之间可以相互替代或补偿，从而保持或维持职业活动的正常进行。

5. 培养工作兴趣，扩展知识

兴趣是职业活动的心理动力之一，也是个性倾向性的重要内容，能有效地增强我们的职业适应性。

6. 脚踏实地、安心适应单调乏味的工作

职业目标并非朝夕就能实现，不要嫌弃那些烦琐、乏味的例行事务。如果能以良好的、积极的心态安于承担低等的或枯燥单调的工作，那么就能迅速适应富于创造性和挑战性的工作。

决定前的准备：
达成职业目标的 8 个步骤

职业生涯目标规划，是指个人根据自己的特点，对所处的组织环境和社会环境进行分析，制订自己一生中在事业发展上的战略设想与计划安排。一般来说，达成职业目标应包括下面几个步骤。

步骤一：确定志向。

志向是事业成功的基本前提，没有志向，事业的成功也就无从谈起。俗话说："志不立，天下无可成之事。"立志是人生的起跑点，反映着一个人的理想、胸怀、情趣和价值观，影响着一个人的奋斗目标及成就的大小。所以，在制订职业生涯规划时，首先要确立志向，这是制订职业生涯规划的关键，也是你的职业生涯规划中最重要的一点。

步骤二：自我评估。

自我评估的目的是认识自己、了解自己。因为只有认识了自己，才能对自己的职业做出正确的选择，才能选定适合自己发展的职业生涯路线，才能对自己的职业生涯目标做出最佳抉择。自我评估包括自己的兴趣、特长、性格、学识、技能、智商、情商、思维方式、思维方法、道德水准以及社会中的自我等。

步骤三：职业生涯机会的评估。

职业生涯机会的评估，主要是评估各种环境因素对自己职业生涯发展的影响。每一个人都处在一定的环境之中，离开了这个环境便无法生存与成长。所以，在制订个人的职业生涯规划时，要分析环境条件的特点、环境的发展变化情况、自己与环境的关系、自己在这个环境中的地位、环境对自己提出的要求以及环境对自己有利的条件与不利的条件，等等。只有对这些环境因素充分了解，才能做到在复杂的环境中趋利避害，使你的职业生涯规划具有实际意义。

步骤四：职业的选择。

职业选择正确与否直接关系到人生事业的成功与失败。据统计，在选错职业的人当中，有80%的人在事业上是失败者。正如人们所说的"女怕嫁错郎，男怕选错行"。由此可见，职业选择对人生事业发展是何等重要。

在选择正确的职业时，你至少应考虑以下几点：

(1) 性格与职业的匹配。

(2) 兴趣与职业的匹配。

(3) 特长与职业的匹配。

(4) 内外环境与职业相适应。

步骤五：职业生涯路线的选择。

在职业确定后，向哪方面发展，此时要做出选择。是向行政管理路线发展，还是向专业技术路线发展；或是先走技术路线，再转向行政管理路线，还是其他。由于发展路线不同，对职业发展的要求也不相同。因此，在职业生涯规划中，须做出抉择，以便使自己的学习、工作以及各种行动措施沿着你的职业生涯路线或预定的方向前进。

在选择职业生涯路线时，你必须考虑以下3个问题：

(1) 我想往哪方面发展？

(2) 我能往哪方面发展？

(3) 我可以往哪方面发展？

步骤六：设定职业生涯目标。

职业生涯目标的设定是职业生涯规划的核心。一个人事业的成败，很大程度上取决于有无正确适当的目标。没有目标如同驶入大海的孤舟，四野茫茫，没有方向，不知道自己走向何方，只有树立了目标，才能明确奋斗的方向。目标犹如海洋中的灯塔，引导你避开险礁暗石，走向成功。目标的设定，是在继职业选择、职业生涯路线选择后，对人生目标做出的抉择。其抉择以自己的最佳才能、最优性格、最大兴趣、最有利的环境等信息为依据。

步骤七：制订行动计划与采取措施。

在确定了职业生涯目标后，行动便成了关键的环节。没有达到目标的行动，目标就难以实现，也就谈不上事业的成功。这里所指的行动，是指落实目标的具体措施，主要包括工作、训练、教育、轮岗等方面的措施。例如，为达到目标，你计划在工作方面采取什么措施，来提高你的工作效率？在业务素质方面，你计划学习哪些知识，掌握哪些技能，来提高你的业务能力？你打算采取什么措施开发你的潜能？等等。这些都要有具体的计划与明确的措施。这些计划要特别具体，以便于定时检查。

步骤八：评估与回馈。

俗话说："计划赶不上变化。"影响职业生涯规划的因素很多，有的变化因素是可以预测的，而有的变化因素则难以预测。在此状况下，要使职业生涯规划总是行之有效，就必须不断地对职业生涯规划进行评估与修订。其修订的内容包括：职业的重新选择，职业生涯路线的选择，人生目标的修正，实施措施与计划的变更等。

第**9**个决定
就业，还是创业？我的未来由我定

"条条大道通罗马"，其实我们成功的方式不仅限于两种或三种，关键在于决定后能否坚定努力地走下去。生活原本就是战斗，不管在哪个战场，我们都要力争胜利。

扫码获取
更多资源

就业，迈向社会的第一步

做一个受欢迎的员工

当前有些社会学家把当代一些能够主动灵活地适应社会的微妙变化，在学业、事业和生活上都左右逢源的年轻人，称为"模糊青年"。社会学家指出，在当今时代，尽管不乏"饭来张口，衣来伸手"的寄生型青年，"模糊青年"只占青年总人数的一小部分，但无疑他们是当代优秀青年的代表，这样的青年是备受社会欢迎的人。对于涉世之初的大学生来说，努力做一个受社会欢迎的人，便能够在变幻莫测的社会发展潮流中始终保持优越的位置。

如何适应环境，很好地生存，取决于正确地认识自我。老子说过，知人者智，自知者明。一个善于认识自己、摆正自己位置的人，是个处处受欢迎，尤其受领导重视的聪明人。那么，如何在工作岗位中成为一个受欢迎的员工呢？

1. 要学会会心地微笑

有一个女人继承了万贯家财，她急欲替自己塑造一个完美形象，身上佩戴着各式珠宝。可是在朋友的晚宴上，她的面孔却冷漠得可怕。因为她根本不了解朋友的心理，她不知道态度愉悦的女人比衣饰华丽的女人更能博得朋友的好感。

在实际生活中，行动往往比言语更能传递感情。一个微笑所包含的意义为："我很高兴看到你，你带给我快乐，我喜欢你。"如果你无时无刻不向人展示灿烂友善的笑容，就必能赢取公司上下的好感。年轻的同事视你为兄姐，年长的把你当孩子看待，如此亲和的人事关系必然有利于你事业的发展。

2. 要善于赞扬他人

赞扬人也是一种艺术，它不但需要合适的方式去表达，而且还要有洞察力和创造性。如果一个人整日满脑子只想着自己的事，对周围的人现在是什么情况、在说什么都不曾注意，也不想去注意，那么，他们可能就会在全然不知对方喜好的情况下，冒冒失失地去说一些恭维话。这样的话，有时非但不能达到赞扬人的目的，还会起到相反的效果。

得体地赞扬别人，能帮助我们消除在日常接触中所产生的种种摩擦与不快。这一点无论在家庭生活中还是在实际的工作中，表现得都十分明显。任何人都有渴望他人褒奖的欲望，要想发现这一点，观察是最好的方法。通常，某人想要被称赞，希望被认定为优秀的部分，往往会出现在他最喜爱的话题里，这便是要害。只要你突破其防线，就能一举获胜。

大仲马在俄国旅行时，决定去参观一座城市中最大的书店。书店老板一听到这个消息非常高兴，想方设法要做一些让这位法国著名作家高兴的事。于是，他在所有的书架上全摆满了大仲马的著作。大仲马走进书店，见书架上全是自己的书，很吃惊，他迷惑不解地问："其他作家的书呢？"书店老板一时不知所措，竟然说："其他的书全都卖完了！"

书店的老板本来是想赞美和讨好大仲马，却不料闹出了笑话，就是因为"赞美不得体"。

3. 让别人感到你重视他

做一个广受欢迎的人，一个重要的原则就是让别人知道你很尊重他，你很在意他——不管他现在是成功的还是失败的，是你的上司还是你的下属。

让别人知道你在意他，有很多积极的影响，这些因素都会为你的成功加重筹码。让别人知道你很重视他的方法有很多，最有效的就是记住别人的名字，让对方觉得你在意他。如果你对只见过一次面的人说："噢，郑先生，难得您光临，请坐！"这对他对你都是一件乐事，这比你诧异地说"对不起，您是哪一位"要好得多。而且二者给人的印象可谓天壤之别！

4. 要学会倾听

古希腊的哲学家苏格拉底，作为有名的对话大师，认为自己是一个助产师，是帮助别人形成自己正确看法的人。通过倾听，你可以帮助对方形成与完善他的想法。即使你想表达自己的某种看法，也应当借用对方的话作一引申，如"正如你刚才所说"、"就像你所指出的那样"等。这一方面表明你重视并记住了他的话，另一方面也使对方感到你是在作一种补充说明，让他知道你不仅在听，而且在思考。

世界上任何人都喜欢有人听他说话，只有对肯听他说话的人，他才会有反应。聆听也是尊重的一种最佳表示，表示你看重对方。

不过，仅仅做到以上这几条还不够，受社会欢迎的人还应是一个时时刻刻懂得提高和完善自我的人，而这些也都需要大学生朋友们从现在就开始注意，并在社会的磨砺锻炼中不断地探索和改进。

工作中如鱼得水

美国西部大开发之时，有大量的淘金者蜂拥而至，做着一夜暴富的美梦。可是，最终的结果是只有少数的幸运者淘到了真金，一夜之间身价百倍。对于多数的淘金者而言却什么都没有得到，很多人甚至因此倾家荡产，得不偿失。有几个淘金者在跟随狂热的人群到达淘金的地方后，发现淘金根本无法让自己实现暴富的梦想，于是，他们开始想办法寻找其他出路。他们注意到这里水源缺乏，大批的淘金者只能到很远的地方去运水，一来一去花费了大量的时间。于是，他们开始从远处运来水，卖给淘金的人。尽管收入不算高，但是这样一点点积累，也足以让他们的生活变得富裕起来。

这个故事可以映射出职场中的两类人：一类人踌躇满志，觉得自己是一步登天的淘金者；还有一类人踏踏实实从小事做起，甘当卖水人。这样看来，淘金者似乎更像是人生的赌徒，不切实际地做着一夜之间就会身价百倍的富翁梦，最终却赔上了自己的未来。而那些卖水的人，尽管看上去毫不起眼，却在踏实的努力中获得瓜熟蒂落、水到渠成的成长。

有句古老的谚语："跛足而不迷路的人胜过健步如飞而误入歧途的人。"当一个人能够找到最适合他的位置时，即使他前进的速度再缓慢，最终也会达成自己的目标。就像刚入职场的你，虽然一时难以褪去稚嫩的学生气，但是确定了自己的位置，就会很快适应自己的公司的。如果你从一开始就走错了路，朝三暮四、浅尝辄止，那么只会在职场之中处处碰壁，甚至最终一无所获。

一个刚刚踏入社会的年轻人既缺乏工作经验，又缺乏对社会的了解，一般情况下是不可能被委以重任的，自然其工资报酬也不会很高。他们需要在工作中一步步地学习，逐渐地成熟，然后才可能被安排到重要的位置上，才可能拿到较高的报酬。也就是说，他们登上职场这个舞台时，要先从演好小角色开始。

每一个人刚开始工作时都要做"小角色"，问题的关键在于，在做"小角色"的时候，不要忘了周星驰的那句话——"我是一个演员"。即使是做一个像周星驰在电影中扮演的那个跑龙套的角色，你也要认真地去做，并且把"我是一个演员"经常挂在嘴边。

由于初来乍到，你对公司的一切都会感到很陌生，也不知道每一件工作的来龙去脉，因此，时时请教别人，可以让你更快地融入自己的工作中去。做好这一点，你必须先修正自己的态度。既然自己对工作不熟悉，就要很虚心地向别人请教。如果自己犯了错误，就必须坦白承认，并且立即加以纠正。即使自己偶然受到不公平的待遇，也不要斤斤计较。只有这样，同事们才会对你产生好感，才会更接近你。另外，如果有人把一些本来不应归你负责的工作交给你，你也不妨尽量地把它做好。

修正自己的态度，还要知道自己属于哪类人。在工作中，你要尝试积极努力地改善不足之处，与同事搞好关系，具体做法如下：

（1）合作和分享。多跟别人分享看法，多听取和接受别人的意见，这样你才能获得众人的接纳和支持，才能顺利推展工作大计。

（2）不搞小圈子。跟每一位同事保持友好的关系，尽量不要被人认为你是属于哪个圈子的人，否则会在无意中缩窄你的人际网络，对你没好处。尽可能跟不同的人打交道，避免牵涉进办公室政治或斗争中，不搬弄是非，这样自能获取别人的信任和好感。

（3）勿阿谀奉承。只懂得奉迎上司的"势利眼"，一定会被大家厌恶。完全没把同事放在眼里，苛待同事下属，你无疑是在到处给自己树敌。

（4）勿太严厉固执。也许你态度严厉的目的只是为了把工作做好，然而在别人眼里却是刻薄的表现。你平日连招呼也不跟同事打一个，跟同事间的唯一接触就是开会或交代工作，试问这样的你又怎会得人心？应以真诚待人，虚伪的面具迟早会被人识破的；处事手腕灵活，有原则，但也要懂得在适当的时候采纳他人的意见；切勿万事躬迎，毫无主见，这样只会给人留下懦弱、办事能力不足的坏印象。

（5）善解人意。同事感冒了，你体贴地递上药；路过饼店顺道给同事买下午茶，这些都是举手之劳，何乐而不为？你对别人好，别人自然会对你好，这样你在公司才不会陷于孤立无援之境。

其实，工作所给予人的要比你付出的更多。如果你将工作视为学习的途径，那么每一项工作中都包含了个人成长的机会，譬如，发展自己的能力，增加自己的社会经验，提升个人的人格魅力……这一切与你的薪水相比要宝贵得多。一个人如果只为薪水而工作，那他就永远无法取得事业上的成功。那些在职场中表现惊人的人，从不会把薪酬的多少作为自己工作的目的。相反，他们总是不计回报地去做那些有益于他们个人发展的事情，这样才是真正地适应自己的公司的表现。

你应该明白，在这个世界上除了薪酬、面包之外还有更为可贵的，那就是尽自己的能力正直而纯粹地做事情。

心存感激，快乐工作

假如有人问你，你知道人生最有意义的事是什么吗？现在你能想到就是日复一日从事的工作吧？细想一下，也许只有通过工作，才能保证我们精神的健康。如果没有工作，也许我们不会像今天这样快乐和充实。

著名社会学家马克斯·韦伯认为，无论是德语的 Beruf（职业，天职），还是英文中的 Calling（职业，神召），工作都含有宗教的概念，即上帝安排的任务。上帝应许的唯一生存方式，就是要求每个人去完成他在现实世界里被赋予的工作的责任和义务，因为这是他的天职。

工作可以使我们拥有经验、知识和信心，因此我们应心怀感激地对待工作，在工作中投入全部的激情，充分发挥自己的特长。只有这样，我们才会在工作中感到甘之如饴。

一个人无所事事的时候就会感到活力在一点点失去，因此，工作可以体现人生的价值。你可以尝试着把自己的爱好与所从事的工作结合起来，这是人生最好的选择。做到了这一点，无论做什么，你都会感到乐在其中，并能把这份喜悦与别人分享，成为一个大家乐于接近的人。这样你的人生便能处于最佳的状态。

现实中的许多人不知道尊敬自己的工作，他们把工作视作获取食物、衣服、居室的一种可厌的"需要"，一种无可避免的苦役，而不是把工作当作一个锻炼能力的途径，一个训练、塑造品格的大学校。

不尊敬工作的人不懂得毅力、坚忍力以及其他种种高贵的品格都是从努力工作中得来的。一个人若常哀怨与鄙视自己的工作，那么他就不能获得真正的成功，那是"弱"的自认。然而，心怀感激，则会使任何工作都成为有意味、有兴趣的事情。

艾琳是得州一家石油公司的打字员。每个月她都要做一件最没意思的工作——填写石油销售报表。为了提高工作情绪，她想出一个办法：每天跟自己竞赛。她统计出上午打印的数量，然后争取在下午打破纪录；再统计第一天打印的总数，争取在第二天打破纪录。这样一来，她的打字速度猛增，并且赶走了烦闷带来的疲劳。更重要的是，这种颇有意思的比赛使她体会到了工作的快乐。

艾琳在无意间运用了汉斯·威辛吉教授的"假装"哲学。他教我们要"假装"快乐——如果你"假装"对工作有兴趣，这一点点假装会使你的兴趣变成真的，从而可以减少你的疲劳、忧虑，在枯燥的工作中得到快乐。

当你弄明白工作的目的是什么时，你就会获得源源不断的工作热情和动力。不可否认，工作确实能够为我们换取生活资源，为我们打发掉无聊的日子，但最关键的是它能体现我们的人生价值。如果一个人饱食终日却什么事也不做的话，那么他是不会获得快乐和幸福的，他的生命将被无聊、枯燥所充斥，他的人生也就如一潭死水，泛不起一丝涟漪。

现在许多的上班族最常说的一句话就是"忙"。其实许多人都不知道自己在忙些什么。并且，由于工作紧张、人际关系复杂等因素的影响，他们的心理压力越来越大，常常出现一些悲观、厌世的思想。如果以这样的态度来对待自己的工作的话，那么工作是不会有什么进展和起色的。

工作中，谁都会遇到不开心的事，我们不如怀着一颗感恩的心去坦然接纳这一切看似不好的事情。我们要怀着一颗感恩的心，要知足常乐，泰然处之，用积极轻松的心态迎接挑战，学会做一个快乐的上班族。

创业，选好你的矿山

打捞"黄金"不容易

与父辈们相比，我们幸运地生活在一个充满机遇的时代。中国过去 20 年的经济发展走过了西方 50 年甚至 100 年所经历的工业化进程，也为许多人创造了不少创业的机会。曾几何时，不论一尺布还是一斤肉，都还要限量供应，一转眼，便从一个生活物资极其贫乏的国家转变成产品供应过剩、市场竞争充分的新生市场。有一些人很好地抓住了市场机遇，从无到有，通过自身努力开创了自己的企业领地。一时间，中国成为有志之士白手起家的乐园。

在我们眼中，那些创业成功者们风光无限、春风得意，但其内心的感受恐怕不是这些，更别说那些惨淡经营、苦苦挣扎的小老板了。因此，当你对创业行动跃跃欲试时，一定要做好劳累奔波、担惊受怕、寂寞孤独甚至众叛亲离的心理准备，因为要打捞"黄金"并不是一件轻松、容易的事情。

当台湾地区灯饰大王林国光从他大哥手里接过家族的贤林灯饰公司时，公司已经负债累累，大哥也累成肺癌，不久撒手人寰。公司本来可以申请破产，但林国光的大哥不愿逃避债务，在身背骂名中离开世界，只好把远在美国闯天下的林国光招回来支撑危局。林国光就由此进入了"揉面团"的过程。

林国光接手贤林公司后，把自己的房子以及可以变卖的家产都变卖了，还了一部分现金，剩下的债务确实无法筹集了。他把所有的债权人找到一起开会，告诉他们只有两个选择：要么起诉，让他大哥带病坐牢，钱仍是还不起；要么给他六个月时间，从第七个月开始，每人每个月还一点，直到还清。

债主们权衡再三，都选择了第二个方案。

此后的日子里，林国光每天早上八点上班，一直做到晚上两三点，他和妻子两人吃的菜还不如一个民工。有一次在阳台上，望着四周的万家灯火，他真想跳下去一了百了。林国光的心理挣扎是剧烈的：自己一跳倒是解脱了，债务还得由妻子承担。最终他还是咬牙挺了过来。

就这样赚钱还债，一个月一个月地还，4年之后，林国光终于还清了所有债务。并且，在还债过程中磨砺出来的超强的心理承受能力，让林国光有了足够的勇气面对商场上的风风雨雨。接下来几年，他一路拼杀，最终成了资产过亿的灯饰大王。

漫漫创业路，随时都可能会遇到困难和挫折，甚至还可能出现意想不到的问题。因此，作为准备创业的大学生，要有各种心理准备：吃苦的心理准备、遇到困难和挫折的心理准备、失败的心理准备，等等。有了这些心理准备，在遇到困难、挫折的时候，你才会泰然处之，渡过难关，走出失败的阴影，到达理想的彼岸。

同时，面对创业中的各种风险，保持一颗积极的心态也是十分重要的。创业之初的大学生一定不能因为目前缺乏相关知识而心生畏惧，裹足不前，而是要大胆往前闯，并且既要大胆，又要心细。千万不可急于求成，遇到困难便选择放弃。仔细留心所遇到的所有问题，在解决问题的过程中学习，积累经验，这样才能最终取得成功。

创业还需硬条件

在如今的白领圈中流行着这样一句话："今天你创业了吗？"比尔·盖茨、张朝阳、马云等创业精英们那挥斥方遒、叱咤江湖的英雄风范，令越来越多的打工仔做起了老板梦。在他们看来，如今创业更能发挥自我能力，更能实现自身价值。

益友网络公司总裁金晓明在谈起自己的创业经历时颇有感慨，他认为："创业的好处在于可以自由发展，在不受约束的状态下充分实施自己的创意。那么，在成功之时，那种成就感会更加强烈，同时也能体会到更大的自我满足感，那是一种自我价值的真正体现。"

上海明华环境艺术有限公司董事长张明华说："创业虽然有风险，但并不像外界传说中的那么艰难无比，相反，创业有时可能比打工更安全。这如同在海上航行，自己掌舵更能体会乘风破浪的乐趣，而且一旦出现危机，命运掌握在自己手中，总比听天由命更为积极，也更为安全。"

看到创业成功者们在笑谈他们的创业历程，有越来越多的大学生也渴望自己创业，做一个创业者。但是殊不知创业并不是孩童的一句戏言，而是要靠你的实际行动来实现你理想的一段漫长旅程。同时创业也并不是任何一位大学生都可以去干的一件事情，它还需要一些"硬"条件。

1. 创业初期准备

(1) 项目准备。经商做生意的范畴很广，可选择的项目也很多。可以摆地摊卖针线纽扣、布匹衣服、蔬菜水果等，也可以开办小超市、百货店、餐馆、书店等，还可以从事农产品收购、中介、长途贩运。但总的一点是"做熟不做生"，选择自己熟悉、了解的行业。在初定项目后，还要从地理位置、人口分布、市场需求等方面着手，进行具体的可行性研究，这样做起来才会得心应手。

(2) 资金准备。无论是做大生意还是做小买卖，都需要一定的启动资金，用于购买所需的用品。如果资金不足，可从小本生意做起，等积累了一定的资金后再做大，也可以从银行或亲朋好友处借贷，还可以用入股形式集纳资金。总之，没有资金是不可能创业的。

(3) 经营知识准备。经商者必须具备一定的经营之道，如何进货、如何打开销路、消费者定位等方面的知识，经商者都必须拥有。这可以向有经验的人学习取经，也可以订阅一些营销类报刊，从中借鉴别人的成功经验。

(4) 人际关系准备。经商做生意需要涉及许多人际方面的问题，如工商、税务、质检、银行这些部门都与经营者有关，要善于同他们打交道。同时，进货、销货、拓展市场、广告宣传等，都要与人打交道。

(5) 心理准备。做生意是一条赚钱之路，这是大家所公认的。但是，商场如战场，有赚就有赔，为此创业者既要有吃苦的思想准备，还得有承担失败的心理准备。俗话说，没有不开张的油盐店，但如果你不是卖油盐的，就一定要做好不开张的心理准备。所以，创业之前先要培养自己良好的心理素质，勇敢地面对所出现的一切情况，把眼光放远一点，要能承受得住压力，也要做好失败的心理准备。

2. 创业时你应该培养的能力

(1) 培养自己的洞察力。敏锐的洞察力有时候是天生的，但更多是后天培养的。真正伟大的领导者大都拥有敏锐的眼光。在企业没有成功前，周围的人甚至企业员工都认为某些事不能成功，但你应有长远的眼光和深邃的洞察力，去领悟别人无法看到的事物和真理。创业是一种牺牲，因为创业者必须舍弃一些东西来换取远景目标的实现。

(2) 掌握关键时刻抓住机遇的能力。抓住机遇很重要，任何人的成功都离不开机遇，所以在机遇没有来临的时刻应及早地做好准备。英国首相丘吉尔曾经说过："每个人一生中都会有一次或多次他梦寐以求的机遇来临，但可悲的是，这一机会来临的时候，很多人却发现自己没有能力抓住他。"就像赛场上的运动员，人们只知道他们在成功夺冠时的荣耀和光辉，却忽视了他们赛场下无数的艰苦训练。

(3) 攻克第一桶金是创业难点。白手起家最难的是赚取第一桶金，完成原始的资本积累。赚取第一桶金之所以困难，在于两个方面：①企业要是能完成原始的资本积累，就说明企业的业务模式和运营系统已经经过市场检验，开始迈向成熟了，要达到这一境界相当不容易。②在缺乏充足资本支撑的情况下，企业的发展要难得多，因为这要求企业在方方面面都做得非常优秀。事实上，许多白手起家的创业成功者都曾或多或少地依赖婚姻、家族所带来的一些特殊资源的协助。善用身边资源，使之成为你事业的助力，是快速成功的捷径。

创业是影响一生的决策。对于许多涉世不深的大学生来说，创业应量力而行，选择恰当时机，既不要盲目乐观，也不要过于谨慎，更不要把创业看成是为了谋生而迫不得已的选择。当代大学生应该树立这样的意识：创业并非是解决就业的临时途径，而是一种成才的方式，有时甚至更能体现个人价值。有创业志向的大学生要有备而来，要树立正确的创业观念，积累创业知识和技能，做好创业的心理准备，并且除了要有敢于尝试的勇气外，还应具备正视挫折、承担压力的能力。这些都将成为助你创业成功的资本。

自我打量，找准"落脚点"

创业是一种复杂的劳动，要想获得成功，你除了要具有较高的智商和情商之外，创业能力也是必不可少的。一个人的创业能力是指他热衷于经商，能够在平凡的现象中看到商机，并且能通过精心的谋划来实现牟利目的的能力。

在《科学投资》研究的上千个创业案例中，除了有限的几个"新经济"的锋线人物，如上海易趣的邵逸波、深圳网大的黄沁可以说是神童外，其他大多数也就是如曾国藩所说的"中人之质"而已，并没有哪个成功者在智力上有什么出类拔萃之处，比如智商高到180、200之类的。相反，这些成功者有一个共通之处，就是都非常善于学习，非常勇于进行自我反省。因此，想要获得创业成功，你就必须先打量一下自己，根据自己的创业能力来找准创业的落脚点。

1. 考问创业动机与决心

如果有人对你的计划表示怀疑，你会因此而动摇或退缩吗？如果你打算做的行业市场竞争异常激烈，你相信自己是最后的胜利者吗？创业后需要投入的工作时间会远比现在长得多，也辛苦得多，你的健康、体力能否应付？你是否有足够的心理准备？此外，你的家人是否了解和支持你的计划？

2. 审视创业目标

有些人想走这条路，其实是不想再过上班族被束缚的生活，转而想过把做老板的瘾。如果是这种心理的话，你还是不要创业。因为从上班族到做老板，只是从一种"束缚"转为另外一种"束缚"而已。

3. 衡量创业成本与代价

代价有两种，有形的代价和无形的代价。有形代价方面，你将失去原有的工作和已有的收入；无形的代价方面，最明显的就是你与家人相处的时间会大大减少。

4. 检查资金的筹措是否到位

有专家认为创业最好全部使用自有资金，否则将来难免会被利息拖垮。有人急于创业，私下高息贷款，后遗症很大，这是你应该注意的。而且，实际上自有资金也是有利息损失的。另外找几个朋友一起凑钱也是个办法，但很容易伤和气。因为若出现利害纠纷，是否仍能和睦相处是个问题。

5. 考虑自身专业知识

外行不能领导内行是普遍规律，无论是学好了再干还是干起来再学，对行业状况、特性和专业技能都必须有一定程度的了解。一问三不知，那不叫创业。

6. 创业前做好最坏的打算

创业前要做好有可能会失败的心理准备，不宜将家当全部押在上面。风险要冒，但不可将所有的本钱都投入，正如不能把所有的鸡蛋都放在一个篮子里一样。

经过上述步骤的自我打量之后，你可以考虑创业了。但如果你具备了另外两项硬件，即如果你有十分奇特的点子或是拥有得天独厚的条件，那么，"创业"这条路是绝对要考虑的，因为它们可以决定你的创业"落脚点"。所谓得天独厚的条件是指拥有某项专利权，有绝佳的生意地点，或是有现成的顾客基础，除此之外，还包括掌握别人所没有的资源、拥有特殊的才能以及有着一些良好的人际关系，而这些对成功有着很大的帮助。

在现实生活中，很多人之所以失败，就是因为没有瞄准一个点，持之以恒地走下去。而成功者则往往是由于瞄准了这个点，并坚持走到了最后。在创业的过程中，你只要找准"落脚点"，坚持下去，哪怕力量微小，也有可能到达胜利的彼岸。

先做小事，从小钱赚起

创业，意味着开辟新的天地。创业之初，拥有激情的创业者一定要有冷静、理性的头脑，要从小钱赚起。就像一棵参天大树是从播下一粒小小的种子开始一样，一定要细心地呵护，认真地管理，才能茁壮成长。

大学生创业立"做大事，赚大钱"的志向是没错的，因为这个志向可以引领着你不断向前奋进。但以现实中的创业者来看，真能"做大事，赚大钱"的人并不多，而一踏入社会就能"做大事，赚大钱"的人就更少了。

由于我们身边的创业者大都是平凡之人，因此在创业初期，就应该把眼光放在做小事上，从小钱赚起。

从前有一个少年，他钦慕英雄，立志学会盖世武功。于是，他拜在一位大师的门下。但大师并没有教他武功，只是要他到山上放猪。

每天清晨，他就得抱着小猪爬上山去。在这个过程中要上很多级台阶，要过很多沟。晚上他还要把小猪抱回来。师傅对他的要求只是不准在途中把猪放下来。

少年心里不满，但觉得这是师傅对自己的考验，也就照着做了。两年多的时间里，他就天天这样抱着小猪上山。

突然有一天，师傅对他说："你今天不要抱猪，上去看看吧！"

少年第一次不抱猪上山，觉得身轻如燕。他忽然意识到自己似乎已进入了高手的境界。而那只小猪在两年的时间里已从几斤长到了两百多斤。少年就是在不知不觉中锻炼了他的身手。创业也如同少年学武功，当你开始学着在创业的商潮中历练之时，点滴的事情都在为你积累着财富。

许多创业之初的大学生最容易犯的毛病，就是怀着不切实际的幻想，妄想一口吃成个胖子，看不起点滴的利润。

有位日本青年，高中毕业后在一家纸盒厂工作，一年后辞职自谋出路。他只有做纸盒的技术，于是他把眼光放在了别人看不起也不引人注意的小玩意上——书套纸盒。

书套纸盒的制作技术要求较高，一般纸盒即使有些误差也无大碍，但书套纸盒尺寸的精密度十分重要，不能有丝毫误差：宽松一点，书籍就容易跟盒子相脱离；窄小一点，书籍就插不进去，这使一般商人不愿意去做它。

可是这个青年却认为，既然那么多的纸盒商、装订商都置之不理，没有人愿意去做，那就表明没有劲敌参与竞争，因此一定大有可为。他果断地把生意的目标确定在别人不屑一顾的书套纸盒上，并采用最有效的制作方法苦心经营。几年下来，他坐上了全日本书套纸盒界的第一把交椅。随着时髦、豪华、精装书籍的增加，他的财源滚滚不断。

大学生创业的过程中要认识到，再小的事情，只要市场需要，那就是大事，不能因它的不起眼而掉以轻心。

"先做小事，先赚小钱"还有一个好处是，可以在低风险的情况之下积累创业经验，同时也可借此了解自己的能力。做小事既然得心应手，那么就可做大一点的事；赚小钱既然没问题，那么赚大钱就不会太难！何况小钱赚久了，也可积累成"大钱"！同时，"先做小事，先赚小钱"也可以培养你踏实的做事态度和金钱观念，这对日后"做大事，赚大钱"以及你的一生都有莫大的帮助！

创业时你千万别自大地认为自己是个"做大事，赚大钱"的人，而不屑去做小事、赚小钱。要知道，连小事也做不好，连小钱也不愿意赚或赚不来的人，别人是不会相信他能做大事、赚大钱的！如果你一味抱着只想"做大事，赚大钱"的心态投资做生意，那么失败是迟早会降临的！